Easy Coding Series 02

인공지능, 사물인터넷 등 **17가지 프로젝트**로 배우는 스마트폰 앱 만들기!

코딩아 놀자~ 앱 인벤터 200% 활용

#코딩 #인공지능 #사물인터넷 #앱인벤터 #앱 #스마트폰앱 #앱만들기

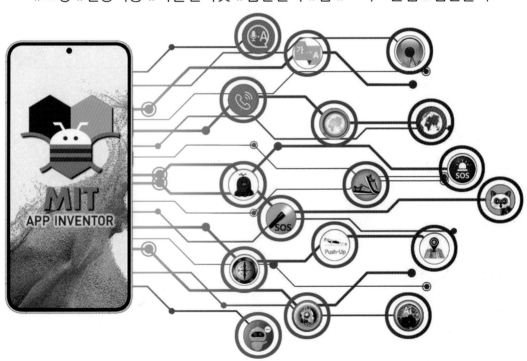

에듀아이 **박경진** 지음

코딩아 놀자~ 앱 인벤터 200% 활용

초판발행 2022년 3월 18일

지 은 이 박경진

펴 낸 이 박경진

펴 낸 곳 에듀아이(Edu-i)

출판사 등록번호 제 2016-000004호

주　　소 경기도 오산시 경기대로 52-21 101-301

팩　　스 0504-033-6164

이 책에 대한 의견이나 오탈자 및 잘못된 내용에 대한 수정 정보는 아래 이메일로 알려 주십시오. 잘못된 책은 구입하신 서점에서 교환해드립니다.

에듀아이(Edu-i) 이메일 papar@hanmail.net

에듀아이 출판사 카페 https://cafe.naver.com/eduipub

도서 관련자료 다운로드 https://cafe.naver.com/eduipub/15

[저자의 말]

현재 7세 이하 어린이가 사회에 나가 직업을 선택할 때가 되면 65%는 지금은 없는 직업을 갖게 될 것이라고합니다. 전문가들은 교육개혁으로 바꿀 새로운 교육 시스템은 기존 지식을 외우는 '암기형 인재'가 아니라 새로운 지식을 만들어 내는 '창의적 인재'를 육성하는 쪽으로 구성이 돼야 한다고 조언합니다. 알파고와 같은 인공지능은 기존의 지식들을 몽땅 흡수할 수 있는 기억장치는 갖췄지만, 새로운 지식을 만들어내는 '창의적 사고 능력'을 갖추지 못했기 때문입니다. 영국은 이미 이러한 점을 고려해 무조건적인 암기 교육을 버리고 창의적인 교육 시스템으로 바꿨습니다. 수업 시간에 언제든 자유롭게 질문을 던질 수 있도록 허용했습니다. 정해진 정답과 고정된 지식이 없음을 보여줌으로써, 학생들이 새로운 의견을 내놓을 수 있도록 공간을 열어 준 것입니다. 창의성은 기본적으로 '왜?'라는 물음에서 시작이 됩니다.

미국은 대통령까지 나서 소프트웨어와 코딩 교육을 강조하고 있습니다. 마이크로소프트사를 설립한 빌게이츠, 아이폰의 신화를 만든 애플 창업자 스티브잡스, 메타 회사를 운영하고 있는 마크주커버그는 모두 코딩을 시작해 세계 최대의 기업을 만든 CEO들 입니다. 이제 창의적인 문제 해결 능력과 논리적인 사고력 등이 필요한 시대입니다. 이 책은 초등학생부터 중학생, 고등학생, 대학생, 성인에 이르기까지 코딩을 처음 접하는 분들에게 코딩이라는 것이 어렵지 않다는 것과 블록 코딩을 통해 분석하고 해결하는 방법을 알아감으로써, 창의적인 문제 해결 능력을 키울 수 있습니다.

또한 최근 인공지능, 사물인터넷, 빅데이터 분석 등 다양한 분야에서 코딩이 사용되고 있습니다. 자율주행, 로봇, 가전제품 등에 이르기까지 다양한 분야에서 코딩을 통해 인공지능, 사물인터넷 기술을 접목하고 있습니다. 많은 기업들이 코딩을 할 수 있는 인재를 필요로 하고 있습니다. 비전공자가 코딩을 이용해 원하는 결과물이나 앱을 만들어 내기까지는 많은 노력과 시간이 필요합니다. 하지만 앱 인벤터를 이용하면 코딩을 배우지 않았던 분들도 얼마든지 쉽게 코딩을 통해 스마트폰 앱을 만들어 볼 수 있습니다. 인공지능 앱, 사물인터넷 앱, 일상에 필요한 앱에 이르기까지 다양한 앱을 만들어 활용할 수 있습니다. 본 도서에서는 프로젝트를 통해 17가지 앱을 만들고, 스마트폰에 설치해 테스트 할 수 있도록 지원하고 있습니다. 본 도서를 통해 코딩의 즐거움과 코딩으로 실생활에 필요한 앱을 만들어 활용해 보길 기대해 봅니다.

이 책이 나오기까지 조언해주고 격려를 아끼지 않았던 가족에게 감사의 마음을 전합니다.

책 소스 다운로드 및 독자 문의

책 프로젝트(챕터별 소스 파일, 완성된 블록 코딩 파일) 파일은 에듀아이 카페의 [출판자료실]의 [블록코딩 앱 인벤터] 게시판 또는 [https://cafe.naver.com/eduipub/15]에서 다운로드 받으실 수 있습니다. 다운로드 받은 압축 파일을 해제하면 프로젝트별 소스 파일을 확인할 수 있습니다.

책의 오탈자를 발견하신 경우 에듀아이 출판 카페(cafe.naver.com/eduipub)에 알려주세요. 오탈자 확인 후 공지로 독자분들이 불편하지 않도록 정보를 제공해 드리겠습니다.
책을 보신 후 질문이 있으신 경우에도 에듀아이출판 카페 [묻고 답하기]-[블록코딩 앱 인벤터] 게시판에 올려주시면 성심껏 답변 드리도록 하겠습니다.

본 도서 17가지 프로젝트 결과물

음성 받아적기

가족/지인 전화걸기

언어 번역기

음성녹음 및 재생

두더지 게임

나만의 웹브라우저

본 도서 17가지 프로젝트 결과물

검색왕

만보기

나침반

응급상황 알리미

푸시업 운동

내 위치

본 도서 17가지 프로젝트 결과물

플래시&SOS

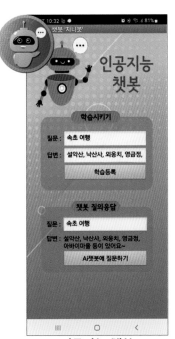

인공지능 챗봇

인공지능 사물분석

인공지능 안면인식

인공지능 사진꾸미기

CONTENTS

3. 사물인터넷 앱 만들기

제1절 스마트폰 센서

제2절 센서 활용 앱 만들기

4. 인공지능 앱 만들기

01

소프트웨어(Software)의 시대

1절 메이커와 소프트웨어(Software)

1.1 메이커란?

인류는 존재하기 위해 직접 도구를 만들기 시작했고 '대량생산-대량소비'의 산업혁명을 거치며 정체됐던 창조에 대한 갈망이 증폭되어 DIY (Do It Yourself)라는 문화가 등장했습니다. 단순한 취미로 시작된 DIY는 기술과 ICT 분야의 눈부신 성장에 힘입어 Maker들의 활동 범위를 넓혔으며, 산업혁명의 기반을 다졌습니다.

메이커란 디지털 기기와 다양한 도구를 사용한 창의적인 만들기 활동을 통해 자신의 아이디어를 실현하는 사람으로서 함께 만드는 활동에 적극적으로 참여하고, 만든 결과물과 지식, 경험을 공유하는 사람들을 말합니다. 쉽게 말하면 누구나 메이커이고, 메이커가 될 수 있다는 말입니다.

최근에는 개인이 간단하게 만드는 DIY를 넘어 ICT 기술을 융합하고 활용하는 형태의 메이킹이 주를 이루고 있습니다.

1.2 빌게이츠, 스티브잡스도 메이커였다!

빌 게이츠는 13세 때 처음으로 컴퓨터를 접하고 프로그래밍 하는 것에 흥미를 갖게 되었으며, 처음 만든 틱택토 (Tic Tac Toe)라는 프로그램은 게임이었습니다. 이후 중독에 가까울 만큼 컴퓨터에 집착했고, 고등학생의 나이에 어른들도 감탄할 만큼의 컴퓨터 실력을 갖게 되었습니다. 대학 생활 중 빌 게이츠는 친구 폴 앨런과 함께 마이크로소프트(Microsoft)를 설립하고 현재의 Microsoft를 만들었습니다.

<Microsoft Surface>

어렸을 때부터 코딩에 관심을 가지고 프로그래밍을 통해 다양한 프로그램을 개발하면서 좀 더 큰 규모의 프로그램을 만들었으며, 결국에는 전 세계 개인용 컴퓨터의 90% 이상에 사용되는 Windows 운영체제(Operating System)를 만들 수 있었습니다.

2000년대를 넘어서면서 우리 삶은 많은 변화가 생겼습니다. 모바일 기기의 급속한 보급과 사용으로 PC에서만 사용하던 인터넷을 스마트폰, 스마트패드 등을 통해 사용할 수 있게 되었습니다. 스마트폰의 보급을 주도한 인물을 선정하라고 하면 대부분의 사람들은 스티브 잡스(Steve Jobs)를 떠올리게 될 것입니다. 모바일을 선도한 기업이 애플(Apple)이며, 애플의 CEO인 스티브 잡스가 혁신을 주도했기 때문입니다. 스티브 잡스가 창업한 애플의 첫 작업실은 스티브 잡스의 집 자동차 차고지였습니다. 빌 게이츠와 스티브 잡스는 공통점을 가지고 있습니다. 어렸을 때부터 만드는 걸 좋아했다는 것입니다. 최근 열풍을 일으키고 있는 메이커 활동을 해왔으며, 코딩으로 소프트웨어를 접했다는 것입니다.

<Apple iPhone>

세계 최대의 소셜 네트워크 서비스 중 하나인 페이스북(메타)을 창업한 CEO 마크 저커버그는 중학교 시절 프로그래밍을 시작했습니다. 1990년대에는 아버지로부터 아타리 BASIC 프로그래밍 언어를 배웠으며, 이후 1995년 경에는 소프트웨어 개발자인 데이비드 뉴먼(David Newman)으로부터 개인 지도를 받았습니다. 또한 1990년대 중반에 집 근처 머시 칼리지(Mercy College)의 대학원에서 관련 수업을 청강하기도 했습니다. 그는 프로그래밍하는 것을 좋아했으며, 특히 통신 관련 툴을 다루거나 게임하는 것을 좋아했습니다. 그는 아버지 사무실 직원들의 커뮤니케이션을 돕는 애플리케이션을 고안하기도 했으며, 리스크 게임을 PC 버전으

로 만들기도 했습니다.

하버드대 2학년 때인 2003년 10월 페이스북(메타)의 전신인 '페이스매쉬'를 만들었습니다. 페이스북은 처음에 하버드대학 이메일 주소를 가진 사람들만 회원으로 가입할 수 있는 학내 커뮤니케이션 서비스로 시작했습니다. 교내에서 인기를 끌자 룸메이트 더스틴 모스코비츠와 함께 다른 대학으로 확산시키기 시작했습니다. 점점 더 많은 학교로 사용이 확산되자 일반인들도 사용할 수 있도록 업데이트를 통해 지금의 페이스북(메타)을 서비스할 수 있게 되었습니다.

1.3 소프트웨어의 이해

1) 소프트웨어(Software)란?

소프트웨어를 설명드리기 전에 하드웨어에 대한 이해가 필요할듯합니다. 하드웨어는 우리가 사용하는 다양한 제품을 의미합니다. 가전제품, 노트북, 스마트폰 등이 모두 하드웨어에 속합니다.

모든 하드웨어에는 소프트웨어가 탑재되어 있습니다. 소프트웨어는 하드웨어를 제어해 필요한 기능을 수행하고 동작시키기 위해 사용합니다. 전기밥솥을 예로 들겠습니다. 사람의 기호에 따라 찰진밥을 좋아하는 사람이 있고, 꼬들밥을 좋아하는 사람도 있습니다. 찰진밥을 선택해 취사를 하면 밥솥이 찰진밥이 될 수 있도록 알맞은 압력과 온도, 시간을 조절합니다. 꼬들밥을 선택하면 꼬들밥에 맞게 압력과 온도, 시간을 조절합니다..

Controller Unit   Micro
Controller Unit

밥솥에 미리 찰진밥과 꼬들밥에 가장 적합한 압력과 온도, 시간을 입력해두고 버튼 한 번으로 찰진밥과 꼬들밥을 선택해 사용할 수 있도록 제공합니다. 이것이 바로 소프트웨어입니다. 소프트웨어는 하드웨어를 원하는 형태로 동작할 수 있도록 제어하기 위해 사용하는 것입니다.

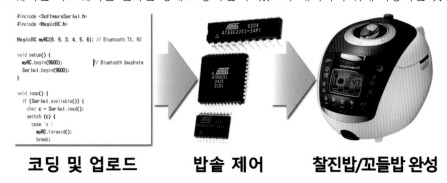

코딩 및 업로드　　　**밥솥 제어**　　　**찰진밥/꼬들밥 완성**

2) 소프트웨어(Software)의 종류

소프트웨어는 하드웨어를 제어하기 위해 사용하는 형태(전기밥솥, 냉장고 등)도 있고, 하드웨어 기반 위에서 소프트웨어 자체의 기능(한글, 엑셀, 파워포인트 등)이 필요해 사용하기도 합니다. 하드웨어를 직접 제어하는 프로그램을 시스템 소프트웨어라고 하며, 소프트웨어 자체 기능을 사용하기 위한 프로그램을 응용 소프트웨어라고 합니다.

이러한 소프트웨어를 만드는 프로그램을 프로그래밍 언어(Programming Language)라고 합니다. 프로그래밍 언어 중 최근 많이 사용하는 언어는 다음과 같은 종류가 있습니다.

① 텍스트 기반 프로그래밍 언어

텍스트 사용자 인터페이스(CUI, Character User Interface)를 지원하는 프로그래밍 언어로는 C, C++, JAVA, Python 등 다양합니다. 주로 개발 회사나 개발자들이 컴퓨터 및 스마트폰용 프로그램을 개발시 사용합니다. 하지만 사용하는 명령어나 형식 등을 알고 있어야 하므로 사용 방법이 복잡하고 어려워 장시간 배우고 익혀야 사용할 수 있습니다.

② 그래픽 기반 프로그래밍 언어

그래픽 사용자 인터페이스(GUI, Graphic User Interface)를 지원하는 프로그래밍 언어로는 스크래치, 엔트리, 앱 인벤터 등 다양합니다. 프로그래밍 또는 소프트웨어를 처음 접하는 사용자들이 큰 어려움 없이 프로그램을 만들고 사용할 수 있도록 지원하는 방식입니다.

1.4 왜 소프트웨어(Software)를 배워야 하는가?

1) 소프트웨어의 필요성

한국은 2018년부터 중·고등학교 학생들이 소프트웨어를 정규 교과목으로 배우고 있고, 2019년부터는 초등학생들도 소프트웨어를 배우고 있습니다. 초등학교부터 중·고등학교까지 소프트웨어 교육을 의무화하고 있습니다. 물론 대학생들도 많은 학과들이 소프트웨어 과정을 도입해 기존 학문을 소프트웨어와 융합하는 형태로 교육을 진행하고 있습니다. 미국, 독일, 프랑스, 일본, 중국 등의 많은 나라들은 소프트웨어의 중요성을 깨닫고 8~10년 전부터 학교에 소프트웨어 교육을 도입하였습니다. 미국의 전 대통령인 버락 오바마는 2013년 '컴퓨터 사이언스 에듀케이션 위크(Computer Science Education Week)'의 축사에서 "컴퓨터 기술을 배우는 것은 단순히 개인의 미래를 책임지는 것 이상의 가치를 가졌다. 즉 국가의 앞날을 위한 것"이라며, "미국은 지금 컴퓨터 기술과 코딩을 마스터한 젊은 인재를 필요로 하고 있다"고 말했습니다. 특히 해당 영상에서 오바마 대통령은 "게임을 즐기지만 말고 직접 만들어보라"고 권유하는 등 소프트웨어 및 콘텐츠의 중요성을 이야기 했습니다.

왜 그럴까요?

그 이유는 소프트웨어를 통해 논리적인 사고력, 창의적인 문제 해결 능력을 키울 수 있기 때문입니다. 또한 앞으로 우리가 살아가는 모든 분야에 소프트웨어가 사용되고, 그 중요도는 크게 확대되고 있기 때문입니다. 대표적인 예로 자율주행 자동차는 90% 정도의 기능이 소프트웨어를 통해 제어됩니다. 센서를 통해 사물을 인식하고, 인식된 사물을 분석하고, 자동차의 기능을 제어해 주행/정지 상태를 만드는 것 모두 소프트웨어를 통해 가능한 일입니다. 뿐만 아니라 인공지능, 빅데이터 분석, 사물인터넷, 클라우드 서비스, 드론, 로봇 등이 모두 소프트웨어를 활용할 수 있는 분야입니다.

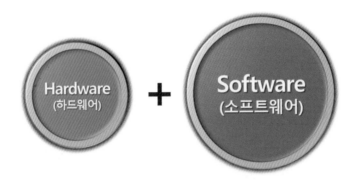

앞으로 우리가 살아가야 할 세상은 소프트웨어 없이는 살 수 없는 세상이기 때문에 소프트웨어를 알고 활용하는 것은 선택이 아닌 필수입니다. 스마트 홈, 자율 주행 자동차, 메타버스(AR, VR), 스마트 TV, 스마트 센서, 웨어러블 디바이스 등 무수히 많은 장치가 이미 우리의 삶에 사용 또는 활용되고 있습니다. 앞으로의 세상에서는 거의 모든 분야에서 소프트웨어가 사용될 것이며, 그 비중은 계속 확대될 것입니다.

Memo

02
앱 인벤터 기본 다지기

1.1 앱 인벤터란?

앱 인벤터(App Inventor)는 안드로이드 기반 스마트폰 앱을 만드는 웹기반 프로그램으로 구글이 제작해 공개했으며, 현재는 매사추세츠 공과대학교(MIT)가 관리하는 무료 앱 메이킹 프로그램입니다. MIT는 앱 인벤터를 2012년 3월에 공식 출시하였으며, 2013년 12월에는 앱 인벤터 2 버전을 출시하여 현재까지 사용되고 있습니다.

앱 인벤터는 컴퓨터 프로그래밍을 처음 접하는 사람들이 쉽게 안드로이드 폰 및 아이폰 앱을 만들 수 있게 해줍니다. 스크래치와 매우 비슷한 그래픽 인터페이스를 사용하므로 사용자들이 블록을 드래그&드롭해 스마트폰에서 사용하는 앱을 만들 수 있습니다.

1.2 앱 인벤터의 특징

1) 블록 쌓기 프로그래밍 방식

앱 인벤터로 프로그램을 만드는 방법은 비교적 간단한 블록 쌓기 방식으로 이루어집니다. 다양한 색상으로 구분된 블록들은 원하는 순서대로 가져와 차곡차곡 쌓기만 하면 됩니다. 따라서 전문 개발자가 아니어도 누구나 쉽게 원하는 프로그램을 만들 수 있습니다.

2) 다양한 미디어 조작 기능

앱 인벤터는 그래픽, 애니메이션, 소리, 음악과 같은 다양한 미디어들을 서로 혼합, 제어하는 스마트폰 앱을 쉽게 만들 수 있습니다.

3) 스마트폰 센서 연동 기능

스마트폰에 내장된 다양한 센서 정보를 기반으로 한 앱을 제작 할 수 있습니다. Pedometer 를 이용한 만보기, 근접 센서를 이용한 운동 앱, 가속 센서를 이용한 응급상황 알림 앱 등 센서 를 활용한 다양한 앱을 만들 수 있도록 지원합니다.

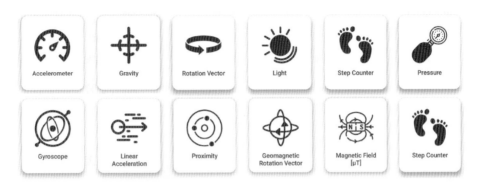

4) 음성인식 및 지도 연동

구글 음성인식 기능을 손쉽게 사용할 수 있도록 지원하며, 지도 서비스를 연동해 지도 관련 앱, 위치관련 앱 등을 제작할 수 있도록 지원합니다.

5) 제작 앱 스마트폰 실행 및 설치 지원

블록 코딩으로 제작한 앱을 스마트폰에서 실시간 테스트가 가능하며, 안드로이드 스마트폰 은 앱 설치파일을 지원해 앱을 설치하고 사용할 수 있습니다. 아이폰의 경우 2021년 3월 공식 지원이 시작되어 앱 인벤터와 연결해 실시간 실행은 가능하나 앱 설치는 지원하고 있지 않습니다.

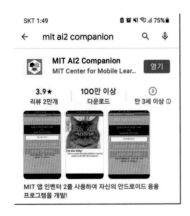

1.3 앱 인벤터 사용 전 준비사항

앱 인벤터는 웹 기반 블록 코딩 프로그램으로 앱 인벤터의 모든 기능을 문제없이 사용하기 위해서는 크롬 웹브라우저를 사용해야 합니다. 그리고 앱 인벤터를 사용하려면 구글 계정이 있어야 합니다. 크롬 웹브라우저 설치와 구글 계정에 대한 준비사항을 알아보겠습니다.

1) 크롬 웹 브라우저 설치

앱 인벤터를 사용하기 위해서는 크롬 브라우저를 설치하고 이용해야합니다. 인터넷 익스플로러는 지원하지 않기 때문에 불편하더라도 크롬 웹 브라우저를 사용해야합니다. 크롬 웹 브라우저를 다운로드 받고 설치해 보겠습니다.

01 엣지 또는 인터넷 익스플로러 웹 브라우저를 실행합니다. 주소창에 [google.com/chrome]을 입력 후 접속합니다. 접속되면 [사용 통계 및 비정상 종료 보고서를 Google에 자동으로 전송하여 Chrome 개선에 참여합니다.] 항목을 체크 해제 후 [CHROME 다운로드]를 클릭합니다.

02 크롬 설치 파일이 다운로드 됩니다. 다운로드가 되지 않는다면 [수동으로 Chrome을 다운로드하세요.]를 클릭합니다.

03 파일 다운로드 창이 나오면 'ChromeSetup.exe' 아래 **[파일 열기]**를 클릭합니다.

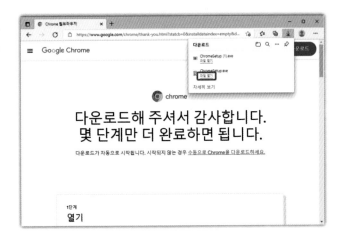

04 파일 다운로드가 진행됩니다. 다운로드가 완료될 때까지 기다립니다. 다운로드가 완료되면 이어서 설치가 진행됩니다.

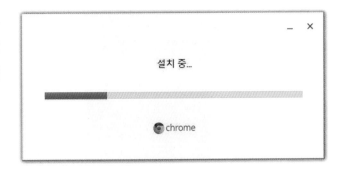

05 설치가 완료되면 Chrome 웹 브라우저가 실행됩니다. 모든 설치 과정이 완료되었습니다.

2) 구글 계정 확인 및 패스워드 재설정

앱 인벤터를 사용하기 위해서는 구글 계정이 필요합니다. 구글 계정을 새로 만들어도 되지만 안드로이드 스마트폰을 사용하는 사용자는 스마트폰에 구글 계정이 등록되어 있어 해당 계정을 이용하면 좀 더 편리하게 구글 계정을 활용할 수 있습니다. 스마트폰의 구글 계정을 확인하고 비밀번호를 재설정하는 방법에 대해 알아보겠습니다. 아이폰 사용자는 **[설정]-[연락처]-[계정]-[계정추가]**를 이용해 구글 계정을 만들어 사용하면 됩니다.

01 스마트폰에 등록된 구글 계정을 확인하도록 하겠습니다. **[설정]**을 터치 후 **[계정 및 백업]**을 터치합니다.

02 **[계정]**을 터치합니다. 계정 정보 창이 나오면 'Google' 항목의 이메일 주소를 확인합니다. 해당 이메일 주소가 구글 계정입니다.

03 [홈] 버튼을 터치해 홈 화면으로 돌아온 후 [인터넷] 또는 [Chrome]을 터치해 실행합니다. 인터넷 앱이 실행되면 [google.com]사이트에 접속합니다. 접속되면 [로그인]을 터치합니다.

04 로그인 화면이 나오면 설정에서 확인한 이메일 주소 또는 ID를 입력하고 [다음]을 터치합니다. 비밀번호 입력 창이 나오면 [비밀번호 찾기] 또는 [기타 로그인 방법]-[비밀번호를 잊으셨나요?]를 터치합니다.

05 기억나는 비밀번호 입력 창이 나오면 **[다른 방법 시도]**를 터치합니다. 계정 복구를 시도하는 사람이 본인인지 여부를 확인하는 창이 나오면 **[예]**를 터치합니다. 스마트폰에 따라 알림창에 로그인 시도 메시지를 터치해 인증 번호를 선택해야 하는 경우도 있습니다. 본인 스마트폰에 안내된 화면에 따라 인증 절차를 진행합니다.

06 비밀번호 변경 창이 나옵니다. 비밀번호 입력란에 터치해 새로 사용할 비밀번호를 두 번 입력하고 **[비밀번호 저장]**을 터치합니다. 비밀번호 설정이 완료되었습니다. **[홈]** 버튼을 터치해 홈 화면으로 돌아갑니다.

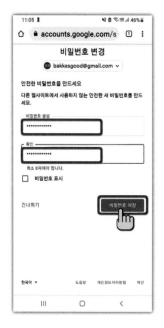 

1.4 앱 인벤터 인터페이스의 이해

1) 앱 인벤터의 이해

앱 인벤터에 접속해 로그인하고 인터페이스에 대해 알아보겠습니다.

01 크롬 웹 브라우저를 실행 후 주소창에 [appinventor.mit. edu]를 입력해 접속합니다. 상단 [Create apps!]를 클릭합니다.

02 로그인 창이 나오면 구글 ID 또는 이메일 주소를 입력 후 [다음]을 클릭합니다.

03 비밀번호를 입력 후 [다음]을 클릭합니다.

04 이용 약관 창이 나오면 스크롤바를 가장 하단으로 내려 [I accept the terms of service!] 를 클릭합니다.

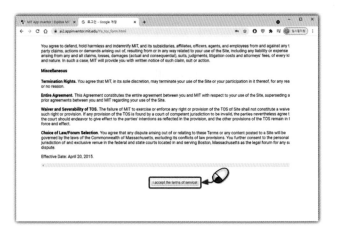

05 앱 인벤터 환영 메시지가 나오면 [다시 보지 않기]를 체크 후 [계속]을 클릭합니다.

● **알아두세요~**

앱 인벤터 접속 페이지가 영문이나 한글이 아닌 다른 언어로 표시된다면 오른쪽 상단 언어 [English]를 클릭 후 [한국어]를 클릭합니다.

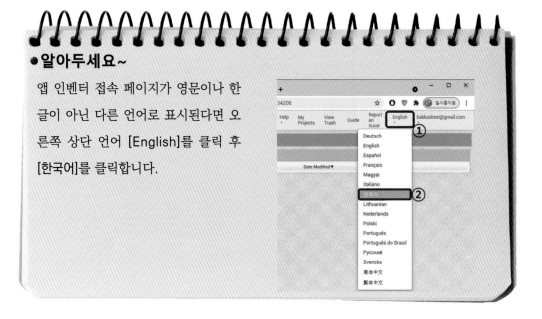

06 새 작업 화면을 나타내기 위해 왼쪽 상단 [새 프로젝트 시작하기]를 클릭합니다. 새 앱 인벤터 프로젝트 생성 창이 나오면 프로젝트 이름을 [FirstApp]으로 입력 후 [확인]을 클릭합니다. 참고로 프로젝트 이름은 한글을 사용할 수 없습니다.

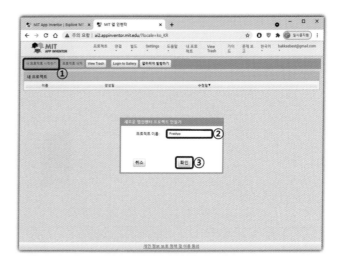

07 앱 디자인 화면이 나옵니다. 앱 인벤터는 크게 디자이너 화면과 블록 화면으로 구성되어 있습니다. 먼저 디자이너 화면입니다. 디자이너 화면에서는 제작할 앱의 화면에 보이는 다양한 컴포넌트를 배치하고 세부적인 설정을 할 수 있습니다.

항목	설명
① 메뉴	새로운 프로젝트 시작하기, 가져오기, 테스트, 앱 만들기 등의 기능 사용할 수 있습니다.
② 팔레트	앱에 필요한 요소, 즉 컴포넌트를 모아 놓은 곳입니다. 앱 제작에 필요한 기능은 이곳에서 가져와 추가할 수 있습니다.
③ 뷰어	앱에 필요한 컴포넌트를 가져와 배치하고, 화면을 디자인하는 곳입니다.
④ 컴포넌트	사용자가 추가한 컴포넌트 목록을 보여줍니다.
⑤ 미디어	사용자가 필요한 미디어(이미지, 사운드, 동영상 등)를 등록하는 곳입니다.
⑥ 속성	컴포넌트에 대한 속성을 설정하는 곳입니다. 이름, 크기, 위치 등을 설정할 수 있습니다.

08 블록 화면을 보기 위해 오른쪽 상단 [블록]을 클릭합니다.

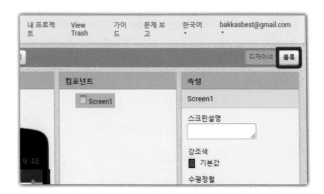

09 블록 화면이 나옵니다. 블록 화면은 디자이너 화면에서 앱에 추가한 컴포넌트의 세부적인 동작을 설정할 수 있습니다.

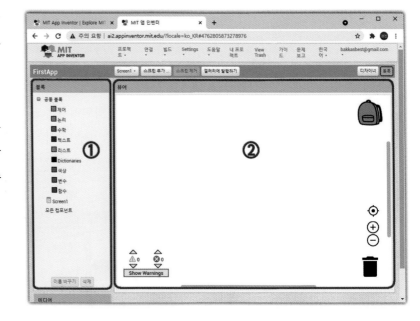

항목	설명
① 블록	앱의 동작을 설정하기 위해 사용 가능한 블록들을 모아 놓은 곳입니다.
② 뷰어	블록을 가져와 앱의 동작을 만드는 곳입니다.

10 [디자이너]를 클릭하면 앱 디자인 화면으로 이동할 수 있습니다.

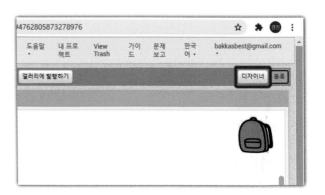

2) 앱 인벤터 기본 기능 익히기

앱 인벤터는 디자이너 화면에서 만들 앱 화면에 나타낼 컴포넌트를 구성한 후 블록 화면에서
컴포넌트의 세부적인 움직임을 설정하는 형태로 진행합니다.

(1) 팔레트

- 팔레트 창은 앱 제작에 필요한 다양한 컴포
넌트를 등록해놓은 곳입니다. 사용자 인터페
이스, 레이아웃, 미디어, 그리기 & 애니메이
션, Maps, 센서, 소셜, 저장소, 연결, LEGO®
MINDSTORMS®, 실험실, 확장기능으로 분류
되어 있습니다.

- 사용자 인터페이스 팔레트는 가장 많이 사용하
는 컴포넌트들이 포함되어 있습니다. 앱 화면에
누르는 버튼을 만들거나, 텍스트를 표현하기 위
한 컴포넌트, 사진, 목록, 비밀번호, 텍스트 상
자 등의 컴포넌트를 사용할 수 있습니다.

사용자 인터페이스	
버튼	⑦
체크박스	⑦
날짜선택버튼	⑦
이미지	⑦
레이블	⑦
목록선택버튼	⑦
목록뷰	⑦
알림	⑦
암호텍스트박스	⑦
슬라이더	⑦
스피너	⑦
스위치	⑦
텍스트박스	⑦
시간선택버튼	⑦
웹뷰어	⑦

- 레이아웃 팔레트는 사용자 인터페이스 팔레트
등에 있는 컴포넌트를 화면에 배치할 때, 수평
방향으로 여러 개의 컴포넌트를 배치할 때, 수
직 방향으로 원하는 위치에 컴포넌트를 배치하
고자 할 때 사용합니다.

레이아웃	
수평배치	⑦
스크롤가능수평배치	⑦
표형식배치	⑦
수직배치	⑦
스크롤가능수직배치	⑦

- 미디어 팔레트는 사진, 동영상, 음악 및 소리와 관련된 컴포넌트가 등록되어 있습니다. 사진 촬영 앱을 만들거나 노래 재생 앱, 음성 인식 앱 등을 만들 때 사용하는 컴포넌트가 있습니다.

- 그리기 & 애니메이션 팔레트는 그림을 그리는 앱이나 움직임에 따른 이벤트 앱을 만들 때 사용합니다.

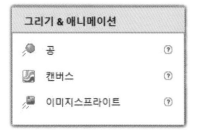

- 지도 팔레트는 지도와 관련된 컴포넌트를 모아 놓은 것으로 지도에 특정 위치를 표시하거나 정보를 나타낼 때 사용하는 컴포넌트가 있습니다.

- 센서 팔레트에는 스마트폰에 내장된 다양한 센서 컴포넌트가 포함되어 있습니다. 가속도, 자이로스코프, 방위, NFC, 만보계, 근접센서 등을 사용할 수 있습니다.

- 소셜 팔레트에서는 전화, 연락처, 문자메시지 관련 컴포넌트와 정보를 공유하는 컴포넌트, 트위터를 연동하는 컴포넌트 등이 있습니다. 전화 발신 앱을 만들거나 문자 메시지 발송, 문자 메시지 수신시 알림 등의 앱을 만들 수 있도록 지원합니다.

- 저장소 팔레트는 스마트폰 저장소의 파일에 접근하거나 정보를 파일에 저장, 데이터베이스를 연결해 사용하고자 할 때 필요한 컴포넌트가 있습니다.

- 연결 팔레트는 다른 앱을 실행하는 액티비티 스타터, 블루투스 연결, 웹 컴포넌트가 있습니다.

- 레고® 마인드스톰® 팔레트는 레고사에서 판매하는 마인드스톰 블록을 제어하기 위한 컴포넌트로 구성되어 있습니다.

- 실험실 팔레트는 파이어베이스 DB를 연결하기 위한 컴포넌트가 등록되어 있습니다.

- 확장기능은 기본 등록된 컴포넌트는 없으며, 필요에 따라 앱 인벤터에 없는 추가 확장 컴포넌트를 등록해 사용할 수 있도록 지원합니다.

확장기능

확장기능 추가하기

(2) 뷰어

앱 제작시 스마트폰 화면에 보이는 부분으로 필요한 컴포넌트를 배치해 앱을 디자인 할 수 있습니다.

(3) 컴포넌트

팔레트에서 필요한 컴포넌트를 뷰어로 드래그&드롭해 등록한 컴포넌트의 순서, 배치 구조, 이름 설정 등을 할 수 있는 공간입니다.

(4) 속성

컴포넌트의 서체, 크기, 너비, 높이, 색상, 정렬, 힌트, 텍스트 등의 세부적인 속성을 설정할 수 있습니다. 컴포넌트에 따라 조금씩 다른 속성을 확인할 수 있습니다.

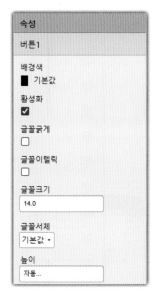

(5) 블록

블록 화면의 블록 창은 공통 블록과 사용자가 뷰어 창에 드래그&드롭한 컴포넌트 블록이 등록됩니다. 블록을 선택하면 뷰어 화면에 사용 가능한 세부 블록들이 나타납니다. 이 블록을 오른쪽 뷰어 창으로 드래그&드롭해 필요한 동작을 구현합니다.

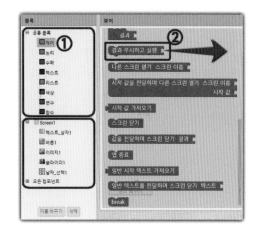

앱 인벤터로 생활편의 앱 만들기

2.1 스마트폰을 흔들면 고양이 소리나는 앱 만들기

앱 인벤터를 사용하는 방법을 익히기 위해 간단한 앱을 제작해 보겠습니다. 스마트폰을 흔들면 '야옹'하는 고양이 소리가 나도록 앱을 제작해 보겠습니다.

01 새 프로젝트를 만들기 위해 왼쪽 상단 [프로젝트]-[새 프로젝트 시작하기]를 클릭합니다.

02 프로젝트 이름을 입력하는 창이 나오면 [Cat]을 입력 후 [확인]을 클릭합니다. 참고로 프로젝트 이름은 한글과 특수문자를 사용할 수 없습니다. 그리고 대·소문자를 구분해 사용할 수 있도록 지원합니다.

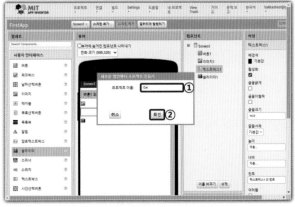

03 화면 왼쪽 사용자 인터페이스 팔레트에서 [이미지] 컴포넌트를 뷰어 창으로 드래그&드롭합니다.

04 이미지 컴포넌트에 사진을 넣기 위해 화면 오른쪽 속성에서 사진 항목 [없음]을 클릭합니다. [파일 올리기]를 클릭합니다.

05 파일 올리기 창이 나오면 [파일 선택]을 클릭합니다.

06 열기 창이 나오면 [cat.jpg]를 클릭 후 [열기]를 클릭합니다.

07 파일 올리기 창으로 돌아오면 선택한 파일명이 확인됩니다. [확인]을 클릭합니다.

08 뷰어 창의 이미지 컴포넌트에 선택한 고양이 사진이 표시됩니다.

09 두 번째 컴포넌트를 사용해 보겠습니다. 팔레트의 [미디어] 그룹을 클릭 후 [소리]를 뷰어 창으로 드래그&드롭합니다.

10 고양이 소리를 등록하기 위해 화면 오른쪽 속성 창에서 소스 항목 [없음]을 클릭 후 [파일 올리기]를 클릭합니다.

11 파일 올리기 창이 나오면 [파일 선택]을 클릭합니다.

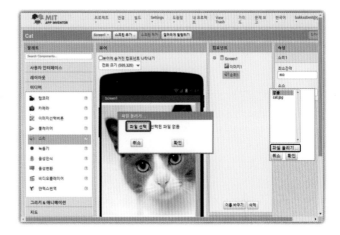

12 열기 창이 나오면 [meow. mp3]를 선택 후 [열기]를 클릭합니다.

13 파일 올리기 창으로 돌아오면 선택한 파일명을 확인할 수 있습니다. [확인]을 클릭합니다.

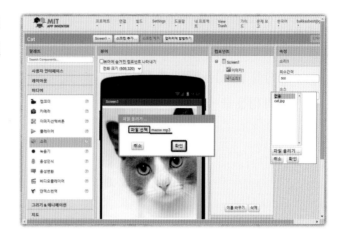

14 소리 등록이 완료되었습니다.

15 마지막으로 스마트폰이 흔들림을 감지할 수 있는 컴포넌트를 사용하겠습니다. [센서] 그룹을 클릭 후 [가속도센서]를 뷰어 창으로 드래그&드롭합니다.

16 컴포넌트 등록과 속성 설정이 완료되었습니다. 이제 컴포넌트의 동작을 설정하기 위해 오른쪽 상단 **[블록]**을 클릭합니다.

17 스마트폰을 흔들었을 때 고양이 소리가 나도록 구성할 예정이므로 스마트폰이 흔들림을 감지하는 부분에서 시작하겠습니다. 블록 창의 **[가속도센서1]**을 클릭합니다. 세부 블록 중 **[언제 가속도센서1.흔들렸을때 실행]**을 오른쪽 빈 공간으로 드래그&드롭합니다.

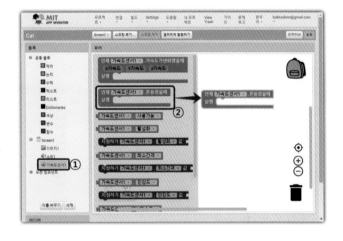

18 이어서 가속도 센서가 흔들렸을 때 동작할 내용을 구성해 보겠습니다. 왼쪽 블록에서 **[소리1]**을 클릭합니다. 세부 블록 중 **[호출 소리1.재생하기]**를 뷰어 창의 '언제 가속도_센서1.흔들렸을때 실행' 블록 안으로 드래그&드롭합니다. 블록 구성이 완료되었습니다.

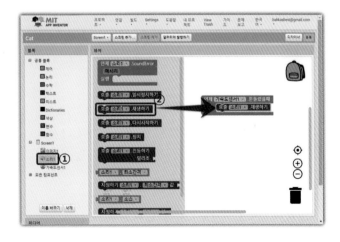

2.2 AI 컴패니언을 이용한 앱 테스트

앱 인벤터를 이용해 제작한 앱을 테스트 하는 방법은 여러 가지가 있습니다. 첫 번째는 스마트폰의 AI 컴패니언을 연결해 실시간 테스트하는 방법이고, 두 번째는 스마트폰의 AI 컴패니언을 이용해 앱을 다운로드 받고 설치해 사용하는 방법, 세번째는 PC에 안드로이드 스마트폰 OS 에뮬레이터를 설치하고 테스트하는 방법이 있습니다.

먼저 비교적 간단한 방법으로 앱을 테스트할 수 있는 AI 컴패니언을 이용해 실시간 테스트하는 방법을 사용해 보겠습니다. 아이폰의 경우 이 방법으로만 테스트(2022년 3월 기준)가 가능합니다. 앱을 스마트폰에 설치하고 테스트 하는 방법은 안드로이드 OS 스마트폰만 지원합니다.

AI 컴패니언을 이용하려면 스마트폰에 'MIT AI2 Companion'앱을 설치해야 합니다. 설치부터 앱 테스트까지 진행해 보겠습니다.

01 먼저 앱 인벤터에서 스마트폰으로 연결할 수 있도록 설정이 필요합니다. **[연결]-[AI 컴패니언]**을 클릭합니다.

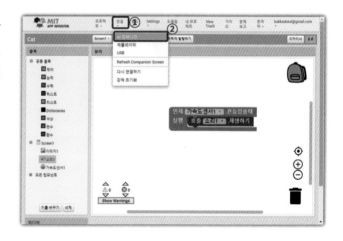

02 QR 코드가 나옵니다. PC에서의 작업은 완료되었습니다.

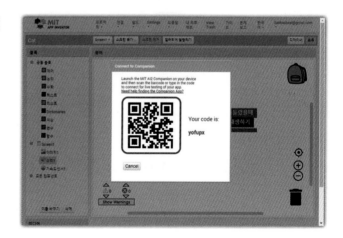

03 스마트폰에서 [Play 스토어]를 터치해 실행합니다. Play 스토어가 실행되면 상단 검색창을 터치 후 [mit ai2]로 검색합니다. 검색 결과 'MIT AI2 Companion'의 [설치]를 터치합니다. 아이폰은 'App Store'에서 'mit ai2'로 검색해 'MIT App Inventor'를 설치합니다.

04 앱 설치가 완료되면 [열기]를 터치합니다. 작업 허용 메시지가 나오면 [허용]을 터치합니다.

05 앱이 실행되면 [scan QR code]를 터치합니다. 카메라 사용을 위한 작업 허용 메시지가 나오면 [허용]을 터치합니다.

06 카메라가 실행되면 컴퓨터의 QR 코드에 비춥니다. QR 코드가 인식되고 잠시 기다리면 앱이 실행됩니다. 앱이 실행되면 스마트폰을 흔들어 고양이 소리가 나는지 확인합니다.

2.3 제작 앱 스마트폰에 설치하기

앞서 'MIT AI2 컴패니언'을 이용한 앱 테스트를 진행해보았습니다. MIT AI2 컴패니언을 이용한 앱 테스트는 스마트폰에 설치되지 않고 앱 인벤터와 연결되어 실행하는 형태입니다. 앱을 다시 실행하려면 PC에서 앱 인벤터 사이트에 접속해 앱 디자인 화면에서 '연결-AI 컴패니언' 메뉴를 실행하고, 스마트폰에서는 'MIT AI2 컴패니언' 앱을 실행하고 QR 코드를 찍는 과정을 반복해야합니다. 스마트폰에 앱으로 설치해 PC 연결 없이 스마트폰에서 앱을 실행할 수 있는 방법을 알아보겠습니다.

이 방법은 아직 아이폰을 지원하지 않습니다. 아이폰 사용자는 바로 이전 내용인 **'2.2 AI 컴패니언을 이용한 앱 테스트'** 내용을 참고해 제작앱을 확인하거나 테스트 하십시오. 아이폰은 앱 직접 설치를 지원하지 않습니다.

01 앱 인벤터에서 **[빌드]-[Android App (.apk)]**를 클릭합니다.

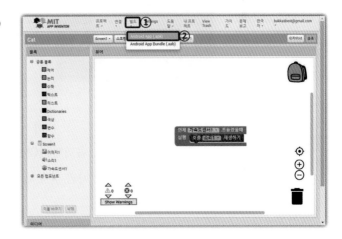

02 잠시 기다리면 QR 코드가 나옵니다. PC에서 작업은 완료되었습니다.

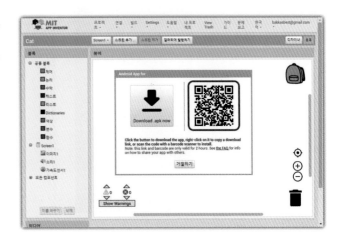

03 스마트폰에서 [MIT AI2 Companion] 또는 [App Inventor]를 터치해 실행합니다. 앱이 실행
되면 [scan QR code]를 터치합니다.

04 카메라가 실행되면 컴퓨터의 QR 코드를 비춥니다. QR 코드가 인식되고 잠시 기다리면 앱
다운로드에 사용할 앱 선택 창이 나옵니다. **[Chrome]**을 선택 후 **[한번만]**을 터치합니다. 연
결 프로그램 선택 창은 스마트폰에 따라 나오지 않을 수 있습니다.

05 크롬 앱이 실행되고 다운로드 메시지가 나오면 **[확인]**을 터치합니다. 파일 다운로드 완료 메시지가 나오면 **[열기]**를 터치합니다.

06 보안상의 이유로 설치할 수 없다는 메시지가 나오면 **[설정]**을 터치합니다. **[이 출처 허용]**의 스위치를 터치해 켭니다. 이전 화면으로 돌아가기 위해 왼쪽 상단 **[〈]**를 터치합니다.

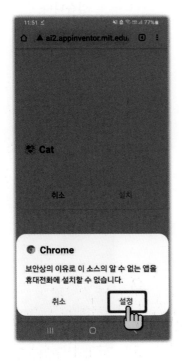 

07 애플리케이션 설치를 묻는 메시지가 나오면 **[설치]**를 터치합니다. Play 프로텍트에 의해 차단 되었다는 메시지가 나오면 **[무시하고 설치]**를 터치합니다. 스마트폰 OS 버전에 따라 'Play 프로텍트' 메시지는 나오지 않을 수 있습니다.

08 앱 설치 완료 메시지가 나오면 **[완료]**를 터치합니다. **[홈]** 버튼을 터치해 홈 화면으로 이동 합니다. 설치된 앱을 실행하기 위해 홈 화면 하단에서 상단으로 드래그&드롭합니다.

09 앱 제작시 입력한 프로젝트 이름으로 스마트폰에 앱이 설치됩니다. 프로젝트 이름과 같은 [Cat]을 터치합니다. 앱이 실행되면 스마트폰을 흔들어 고양이 소리가 나는지 확인합니다.

●알아두세요~

스마트폰이 없거나 스마트폰을 사용하기 어려운 환경인 경우에는 에뮬레이터를 이용하는 방법도 있습니다. 자세한 내용은 아래 사이트에서 에뮬레이터 프로그램을 다운로드 받아 설치하고 연결해 사용합니다. 참고로 에뮬레이터는 제한적인 기능만 지원하므로 본 도서에서 진행하는 프로젝트 중 일부는 실행되지 않을 수 있습니다.

http://App Inventor.mit.edu/explore /ai2/setup-emulator.html

2.4 버튼으로 텍스트 및 이미지 제어하기

앱 인벤터의 블록 에디터를 이용해 버튼의 이름을 변경하거나 색상, 크기 등을 변경할 수 있으며, 사진도 변경할 수 있습니다. 블록에디터의 다양한 기능을 알아보겠습니다.

01 새로운 프로젝트를 만들기 위해 상단 메뉴 중 [프로젝트]를 클릭 후 [새 프로젝트 시작하기]를 클릭합니다.

02 프로젝트 이름을 [TextImage Change]로 입력 후 [확인]을 클릭합니다. 프로젝트 이름은 영문과 숫자의 조합으로만 사용할 수 있습니다.

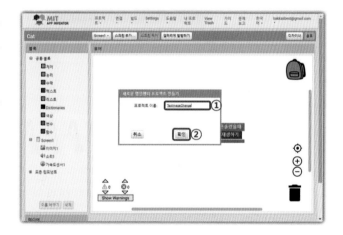

03 팔레트 창 사용자인터페이스 그룹에서 [버튼]을 뷰어 창의 스마트폰 화면 안으로 두 번 드래그&드롭합니다.

04 팔레트 창 사용자인터페이스 그룹에서 **[레이블]**을 뷰어 창의 스마트폰 화면 안으로 드래그&드롭합니다.

05 팔레트 창 사용자인터페이스 그룹에서 **[이미지]**를 뷰어 창의 스마트폰 화면 안으로 드래그&드롭합니다.

06 컴포넌트 창의 **[이미지1]**을 클릭 후 속성 창의 높이 **[70 퍼센트]**, 너비 **[부모 요소에 맞추기]**로 설정합니다.

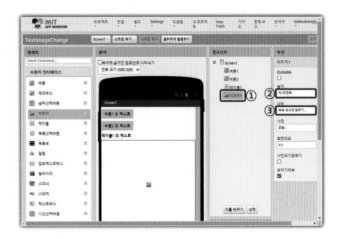

07 이미지를 사용하기 위해 미디어 창의 **[파일 올리기]**를 클릭 후 **[파일 선택]**을 클릭합니다.

08 열기 창이 나오면 **[cat.jpg]** 파일을 클릭 후 **[열기]**를 클릭합니다.

09 선택한 파일 이름이 표시됩니다. 등록을 위해 **[확인]**을 클릭합니다.

10 이미지를 하나 더 등록하기 위
해 미디어 창의 [파일 올리기]를
클릭 후 [파일 선택]을 클릭합니
다.

11 열기 창이 나오면 [dog.jpg] 파
일을 클릭 후 [열기]를 클릭합
니다.

12 선택한 파일 이름이 표시됩니
다. 등록을 위해 [확인]을 클릭
합니다.

13 이번에는 버튼의 표시 이름을 변경해 보겠습니다. 컴포넌트 창에서 [버튼1]을 클릭 후 속성 창 텍스트를 [강아지보기]로 입력합니다.

14 컴포넌트 창에서 [버튼2]를 클릭 후 속성 창 텍스트를 [고양이보기]로 입력합니다.

15 컴포넌트 창에서 [레이블1]을 클릭 후 속성 창 텍스트를 [보고싶은 동물 버튼을 누르세요]로 입력합니다.

16 컴포넌트 속성 설정이 완료되었습니다. **[블록]**을 클릭해 블록 에디터 화면으로 이동합니다.

17 첫 번째 버튼을 누르면 이미지 컴포넌트에 강아지 그림이 나오도록 설정해 보겠습니다. 블록 창에서 **[버튼1]**을 클릭 후 세부 블록 중 **[언제 버튼1.클릭했을때 실행]** 블록을 오른쪽 뷰어 창으로 드래그&드롭합니다.

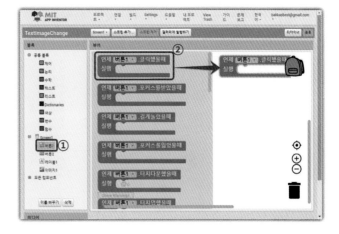

18 **[이미지1]**을 클릭 후 **[지정하기 이미지1.사진 값]** 블록을 뷰어 창의 '언제 버튼1.클릭했을때 실행' 블록 안으로 드래그&드롭합니다.

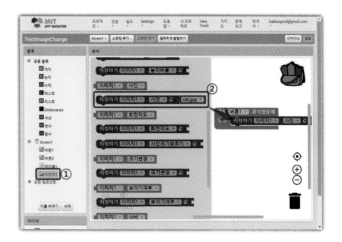

19 공통 블록의 [텍스트]를 클릭 후 세부 블록 중 가장 상단의 [' '] 블록을 '지정하기 이미지1.사진 값' 블록 오른쪽에 연결합니다.

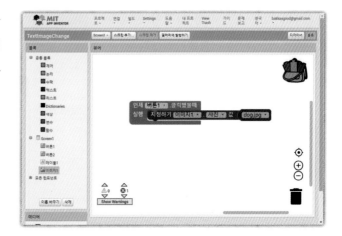

20 드래그한 블록에 강아지 이미지의 파일명 [dog.jpg]를 입력합니다. 파일 이름은 대·소문자를 구분하므로 꼭 파일 이름을 확인 후 입력합니다.

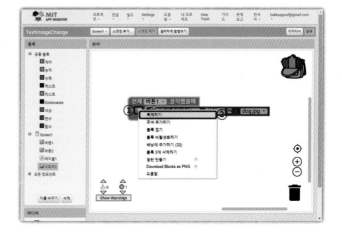

21 뷰어 창의 블록을 복제하기 위해 [언제 버튼1.클릭했을때] 블록에서 마우스 오른쪽 버튼을 눌러 [복제하기]를 클릭합니다.

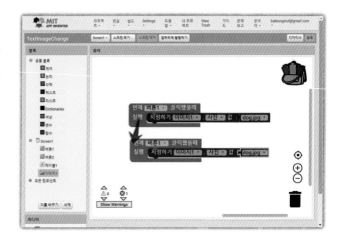

22 복제된 블록을 아래쪽에 배치 후 [버튼1]을 클릭해 [버튼2]로 변경합니다. [dog.jpg]를 클릭해 [cat.jpg]로 수정합니다.

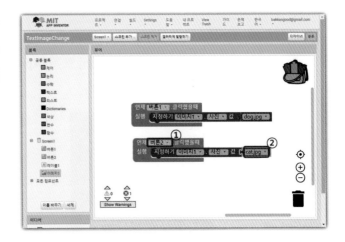

23 블록 구성이 완료되었습니다. 스마트폰에서 테스트를 위해 상단 [연결]을 클릭 후 [AI 컴패니언]을 클릭합니다.

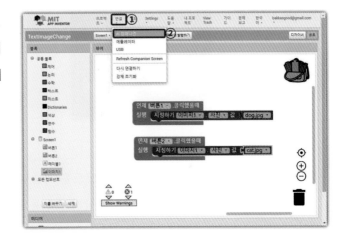

24 잠시 기다리면 앱을 빌드 후 QR 코드가 나옵니다. 이것으로 PC에서의 설정은 완료되었습니다.

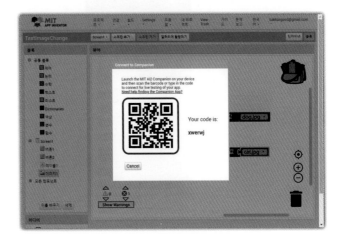

25 스마트폰에서 [MIT AI2 Companion] 또는 [App Inventor]를 터치해 실행합니다. 앱이 실행 되면 [scan QR code]를 터치합니다.

26 카메라가 실행되면 컴퓨터의 QR 코드를 비춥니다. QR 코드가 인식되고 잠시 기다리면 앱 실행 화면이 나옵니다. 버튼이 정상적으로 동작하는지 확인하기 위해 **[강아지보기]**를 터치 합니다.

27 강아지 이미지가 표시되는 것을 확인할 수 있습니다. 두 번째 버튼이 정상적으로 동작하는지 확인하기 위해 **[고양이보기]**를 터치합니다. 고양이 이미지가 표시됩니다.

추가해 보세요~

 첫 번째 버튼을 클릭하면 레이블에 '강아지 사진입니다', 두 번째 버튼을 클릭하면 레이블에 '고양이 사진입니다'메시지가 나오도록 설정해 보세요.

 레이블에 텍스트를 표시하거나 변경하려면 [레이블1]의 [지정하기 레이블 1.텍스트값] 블록을 활용하면 됩니다.

지정하기 레이블1 ▼ . 텍스트 ▼ 값

지정하기 레이블1 ▼ . 텍스트 ▼ 값 " 강아지 사진입니다. "

2.5 음성을 텍스트로 받아적기

안드로이드 기반 스마트폰에는 구글에서 제공하는 음성 인식 기능이 탑재되어 있습니다. 이 기능을 활용해 말하면 글로 받아 적어주는 앱을 만들어 보겠습니다. 아이폰은 영어만 인식합니다.

01 [프로젝트]를 클릭 후 [새 프로젝트 시작하기]를 클릭합니다.

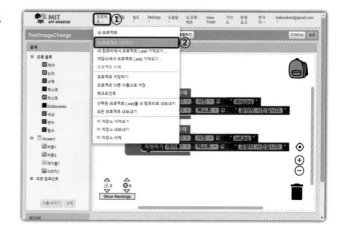

02 프로젝트 이름을 입력하는 창이 나오면 [SpeakToText]를 입력 후 [확인]을 클릭합니다.

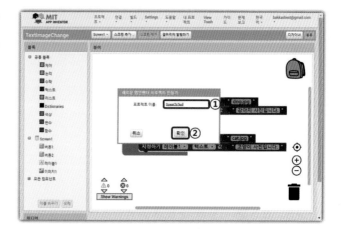

03 팔레트 창 사용자인터페이스 그룹에서 [텍스트박스]를 뷰어 창의 스마트폰 화면 안으로 드래그&드롭합니다.

04 컴포넌트 창에서 [텍스트박스1]을 클릭 후 속성 창에서 높이 [75 퍼센트], 너비 [부모 요소에 맞추기], 힌트 [ ], 여러줄 [체크]로 설정합니다.

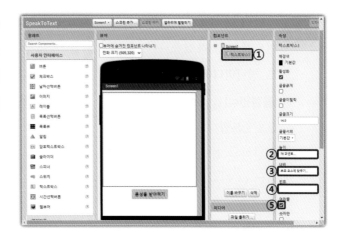

05 팔레트 창 사용자 인터페이스 그룹의 [버튼]을 뷰어 창 텍스트 상자 아래에 드래그&드롭 합니다.

06 컴포넌트 창에서 [버튼1]을 클릭 후 속성 창에서 글꼴크기 [16], 텍스트 [음성을받아적기]로 입력합니다.

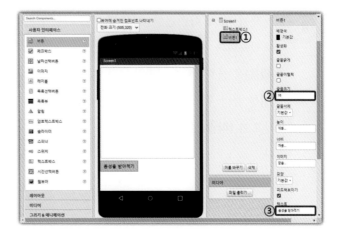

07 이어서 음성을 인식하는 컴포 넌트를 추가하겠습니다. 팔레 트 창 [미디어]를 클릭합니다. [음성인식]을 뷰어 창으로 드래 그&드롭합니다. '음성인식' 컴 포넌트는 뷰어 창의 스마트폰 화면 안에 보이지 않고, 스마트 폰 하단에 표시됩니다.

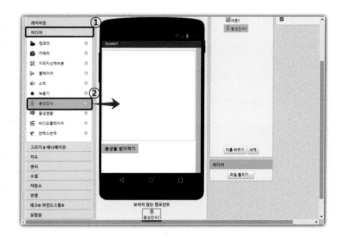

08 제작 앱의 이름과 아이콘 설정 을 해보겠습니다. 컴포넌트 창 에서 [Screen1]을 클릭 후 속성 창의 수평정렬 [가운데:3], 앱이 름 [음성을 텍스트로] 입력합니 다.

09 제작될 앱의 아이콘을 적용해 보겠습니다. 속성 창 아이콘의 [없음]을 클릭합니다. [파일 올리 기]를 클릭 후 파일 올리기 창이 나오면 [파일 선택]을 클릭합니 다.

10 열기 창이 나오면 **[vtt.png]**를 선택 후 **[열기]**를 클릭합니다.

11 선택한 이미지 파일 이름이 표시됩니다. **[확인]**을 클릭합니다.

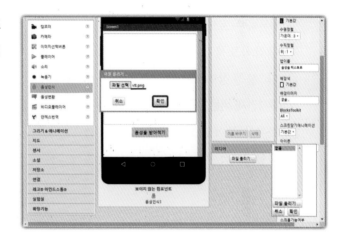

12 속성 창 아이콘에 선택한 'vtt.png'가 등록되었습니다. 속성 창 스크린 방향을 **[세로]**로 변경합니다.

13 속성 설정이 완료되었습니다. 블록 코딩을 위해 오른쪽 상단 [블록]을 클릭합니다.

14 버튼을 누르면 음성인식 기능이 동작하도록 설정해 보겠습니다. 블록 창에서 [버튼1]을 클릭 후 [언제 버튼1.클릭했을때 실행] 블록을 뷰어 창으로 드래그&드롭합니다.

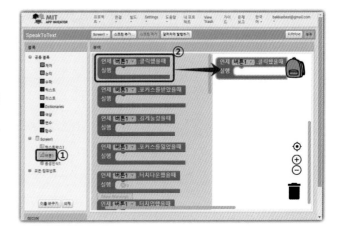

15 [음성인식1]을 클릭 후 [호출 음성인식1.텍스트 가져오기] 블록을 뷰어 창 '언제 버튼1. 클릭했을때 실행' 블록 안으로 드래그&드롭합니다.

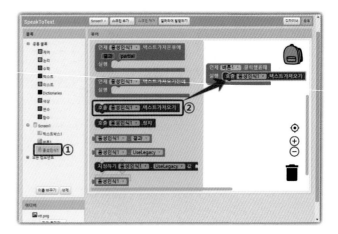

16 인식된 음성을 스마트폰 화면 텍스트 상자에 표시하는 블록을 구성해 보겠습니다. [음성인식1]을 클릭 후 [언제 음성인식1.텍스트가져온후에 실행] 블록을 뷰어 창 빈 공간으로 드래그&드롭합니다.

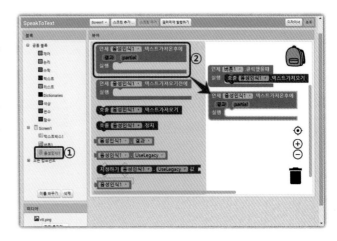

17 [텍스트박스1]을 클릭 후 [지정하기 텍스트박스1.텍스트 값] 블록을 뷰어 창 '언제 음성인식1.텍스트가져온후에 실행' 블록 안으로 드래그&드롭합니다.

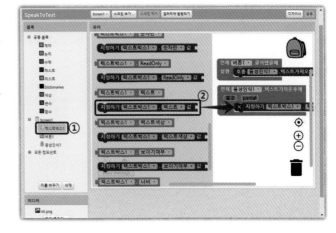

18 뷰어 창 '언제 음성인식1.텍스트가져온후에 실행' 블록 안 [결과]에 마우스 커서를 가져갑니다. 팝업 창의 [가져오기 결과] 블록을 '지정하기 텍스트박스1.텍스트 값' 블록 오른쪽에 연결합니다.

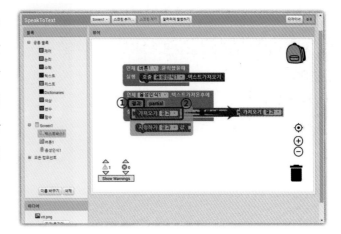

65

19 컴포넌트의 블록 구성이 완료
되었습니다. **[빌드]**를 클릭 후
[Android App (.apk)]를 클릭합
니다. 아이폰 사용자는 **[연결]**을
클릭 후 **[AI 컴패니언]**을 이용해
테스트 합니다.

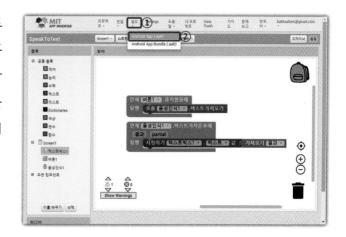

20 앱 빌드가 진행됩니다. 앱 빌드
는 환경에 따라 30초~5분 정도
소요됩니다. QR 코드가 나오면
스마트폰에서 작업을 진행합니
다.

21 스마트폰에서 [MIT AI2
Companion] 또는 [App
Inventor]를 터치해 실행합니
다. 앱이 실행되면 [scan QR
code]를 터치합니다.

22 카메라가 실행되면 PC의 QR 코드를 비춰 인식합니다. 연결 프로그램 선택 창이 나오면 [Chrome]을 두 번 터치합니다. 스마트폰에 따라 연결 프로그램 선택 창은 나오지 않을 수 있습니다.

23 파일 다운로드 창이 나오면 [확인]을 터치합니다. 파일 다운로드 완료 메시지가 나오면 [열기]를 터치합니다.

24 앱 설치 메시지가 나오면 [설치]를 터치합니다. 설치가 완료되면 [완료]를 터치 후 [홈] 버튼을 터치해 홈 화면으로 이동합니다.

25 홈 화면 하단에서 상단으로 드래그&드롭합니다. 앱 중 [음성을 텍스트로]를 터치합니다.

26 앱이 실행되면 [음성을 받아적기]를 터치합니다. 오디오 녹음 허용 메시지가 나오면 [허용]을 터치합니다.

27 마이크 모양이 나오면 텍스트로 나타낼 내용을 말합니다. 말한 내용이 텍스트 박스에 텍스트로 인식된 것을 확인할 수 있습니다.

●알아두세요~

인식된 텍스트에 손가락을 길게 눌러 텍스트를 선택합니다. 텍스트가 모두 선택되면 [공유]를 터치합니다. 앱 선택화면이 나오면 [카카오톡]을 선택합니다. 카카오톡 친구 선택 화면이 나오면 메시지를 전달할 사용자를 선택 후 [확인]을 터치하면 메시지를 보낼 수 있습니다.

 추가해 보세요~

? 텍스트박스에 인식된 텍스트가 있을때 기존 텍스트에 추가로 인식한 음성 인식 텍스트가 계속 추가될 수 있도록 구성해 보세요.

! 텍스트박스에 입력된 값에 추가로 인식한 텍스트를 합치려면 '텍스트박스에 입력된 텍스트 = 텍스트박스에 입력된 텍스트 + 새로 인식된 음성 텍스트' 형식으로 블록을 구성하면 됩니다.

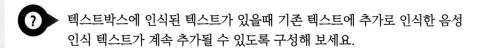
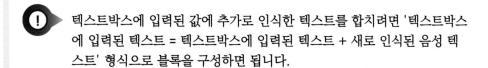

2.6 가족/지인 전화걸기 앱 만들기

스마트폰으로 자주 통화하는 사람에게 전화를 걸 수 있는 앱을 만들어 보겠습니다. 버튼을 눌러 전화를 걸 수 있으며, 스마트폰을 흔들면 미리 지정한 사용자에게 전화를 걸 수 있도록 만들어 보겠습니다. 시력이 좋지 않은 분들이 사용하면 유용하게 사용할 수 있습니다.

01 [프로젝트]를 클릭 후 [새 프로젝트 시작하기]를 클릭합니다.

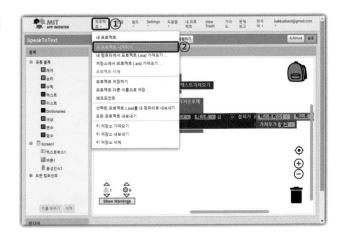

02 프로젝트 이름을 입력하는 창이 나오면 [PhoneCall]을 입력 후 [확인]을 클릭합니다.

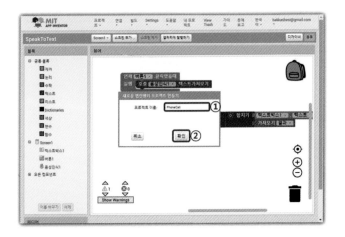

03 컴포넌트 창에서 [Screen1] 을 클릭합니다. 프로젝트의 속성 창에서 수평 정렬 [가운데 : 3], 앱이름 [가족전화], 아이콘 [Phone-512.png], 제목보이기 [체크해제]로 설정합니다.

70

04 팔레트 창 [레이아웃] 그룹을 클릭 후 [표형식배치]를 뷰어 창으로 드래그&드롭합니다. 표형식배치는 여러 컴포넌트들의 상하좌우 위치를 정렬해 배치 시 주소 사용할 수 잇습니다.

05 컴포넌트 창에서 [표형식배치1]을 클릭 후 속성 창에서 높이 [부모 요소에 맞추기], 너비 [부모 요소에 맞추기]로 설정합니다.

06 팔레트 창 [사용자 인터페이스] 그룹을 클릭 후 [버튼]을 뷰어 창 '표형식배치1' 컴포넌트 안 첫 번째 줄 첫 번째 칸에 드래그&드롭합니다. 표형식배치 컴포넌트는 화면에 투명하게 적용되어있어 보이지 않습니다. 버튼 컴포넌트를 배치시 마우스 드래그 상태에서 화면 상하좌우로 움직여보면 위치를 확인할 수 있습니다.

07 사용자 인터페이스 그룹의 **[버튼]**을 뷰어 창 '표형식배치1' 컴포넌트 각 칸에 3번 드래그&드롭합니다.

08 컴포넌트 창 **[버튼1]**을 클릭 후 속성 창에서 높이 **[50 퍼센트]**, 너비 **[50 퍼센트]**, 이미지 **[01. png]**, 텍스트 **[ ]**로 설정합니다.

09 컴포넌트 창 **[버튼2]**를 클릭 후 속성 창에서 높이 **[50 퍼센트]**, 너비 **[50 퍼센트]**, 이미지 **[02. png]**, 텍스트 **[ ]**로 설정합니다.

10 컴포넌트 창 [버튼3]을 클릭 후 속성 창에서 높이 [50 퍼센트], 너비 [50 퍼센트], 이미지 [05. png], 텍스트 [ ]로 설정합니다.

11 컴포넌트 창 [버튼4]를 클릭 후 속성 창에서 높이 [50 퍼센트], 너비 [50 퍼센트], 이미지 [06 .png], 텍스트 [ ]로 설정합니다.

12 전화를 걸어주는 컴포넌트를 추가하겠습니다. 팔레트 창 [소셜] 그룹을 클릭 후 [전화]를 뷰어 창으로 드래그&드롭합니다.

13 마지막으로 앱을 실행 후 스마트폰을 흔들면 미리 설정한 전화번호로 전화를 걸 수 있도록 컴포넌트를 추가하겠습니다. 팔레트 창 [센서] 그룹을 클릭 후 [가속도센서]를 뷰어 창으로 드래그&드롭합니다.

14 컴포넌트 창의 버튼을 전화 수신자에 따라 이름을 변경해 보겠습니다. 컴포넌트 창 [버튼1]을 클릭 후 [이름바꾸기]를 클릭합니다. 컴포넌트 이름 바꾸기 창이 나오면 새 이름을 [할아버지]로 입력 후 [확인]을 클릭합니다.

15 컴포넌트 창 [버튼2]를 클릭 후 [이름바꾸기]를 클릭합니다. 컴포넌트 이름 바꾸기 창이 나오면 새 이름을 [할머니]로 입력 후 [확인]을 클릭합니다.

16 컴포넌트 창 [버튼3]을 클릭 후 [이름바꾸기]를 클릭합니다. 컴포넌트 이름 바꾸기 창이 나오면 새 이름을 [예쁜딸]로 입력 후 [확인]을 클릭합니다.

17 컴포넌트 창 [버튼4]를 클릭 후 [이름바꾸기]를 클릭합니다. 컴포넌트 이름 바꾸기 창이 나오면 새 이름을 [씩씩아들]로 입력 후 [확인]을 클릭합니다.

18 화면 디자인이 완료되었습니다. 블록 에디터 화면으로 이동하기 위해 [블록]을 클릭합니다.

19 할아버지에게 전화를 거는 블록을 구성해 보겠습니다. 블록 창 **[할아버지]**를 클릭 후 **[언제 할아버지.클릭했을때 실행]** 블록을 뷰어 창으로 드래그&드롭합니다.

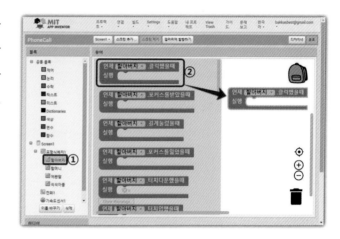

20 전화를 걸기 위해서는 전화번호가 필요합니다. 전화번호 입력 블록을 설정해 보겠습니다. 블록 창 **[전화1]**을 클릭 후 **[지정하기 전화1.전화번호 값]** 블록을 뷰어 창 '언제 할아버지.클릭했을때 실행' 블록 안으로 드래그&드롭합니다.

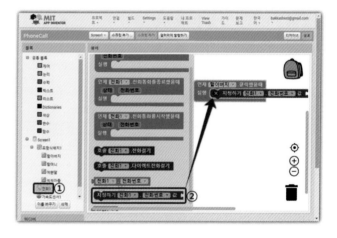

21 블록 창 **[텍스트]**를 클릭 후 **[' ']** 블록을 뷰어 창 '지정하기 전화1.전화번호 값' 블록 오른쪽에 연결합니다.

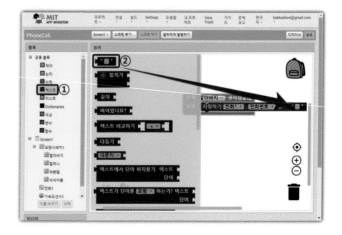

22 드래그&드롭한 [' '] 블록을 클릭해 자주 통화하는 전화번호를 입력합니다.

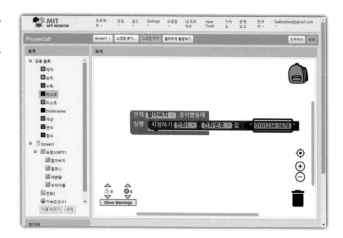

23 블록 창 [전화1]을 클릭 후 [호출 전화1.다이렉트전화걸기] 블록을 뷰어 창 '지정하기 전화1.전화번호 값' 블록 아래로 드래그&드롭합니다.

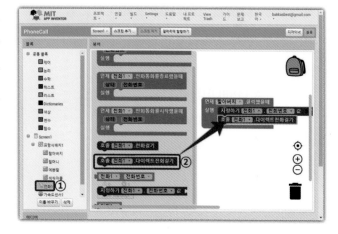

24 이제 다른 버튼 블록도 구현해 보겠습니다. 뷰어 창 [언제 할아버지.클릭했을때] 블록에서 마우스 오른쪽 버튼을 눌러 [복제하기]를 클릭합니다. 같은 방법으로 두 번 더 복제합니다.

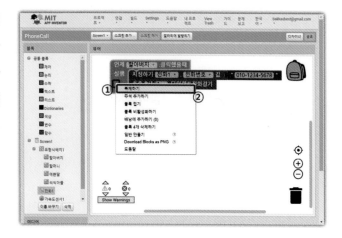

25 복제된 블록을 겹치지 않도록 배치합니다.

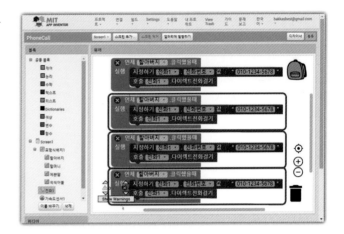

26 복제한 블록 중 첫 번째 블록에서 '언제 할아버지.클릭했을때 실행' 블록에서 [할아버지]를 클릭해 [할머니]로 변경합니다. 전화번호도 할머니 전화번호로 변경합니다.

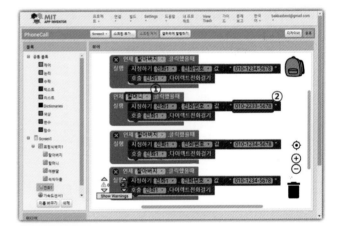

27 복제한 블록 중 두 번째, 세 번째 블록에서 '언제 할아버지.클릭했을때 실행' 블록에서 [할아버지]를 [예쁜딸]로, [할아버지]를 [씩씩아들]로 변경합니다. 전화번호도 각각 딸, 아들의 전화번호로 변경합니다.

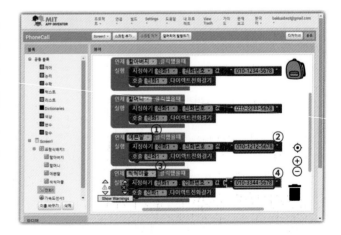

28 스마트폰을 흔들었을 때 특정 사용자에게 전화 걸 수 있도록 설정해 보겠습니다. 블록 창 [가속도센서1]을 클릭 후 [언제 가속도센서1.흔들렸을때 실행] 블록을 뷰어 창으로 드래그&드롭합니다.

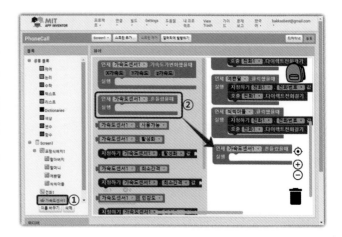

29 '언제 씩씩아들.클릭했을때 실행' 블록 안의 [지정하기 전화1.전화번호 값] 블록에서 마우스 오른쪽 버튼을 눌러 [복제하기]를 클릭합니다.

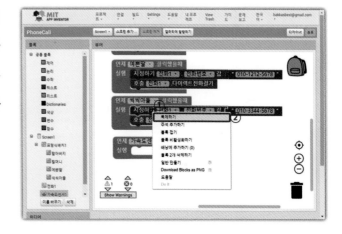

30 복제된 블록을 [언제 가속도센서1.흔들렸을때 실행] 블록 안으로 드래그&드롭합니다. '언제 씩씩아들.클릭했을때 실행' 블록 안의 [호출 전화1.다이렉트전화걸기] 블록에서 마우스 오른쪽 버튼을 눌러 [복제하기]를 클릭합니다.

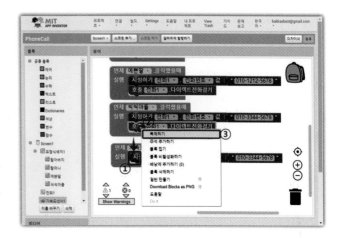

31 복제된 블록을 [언제 가속도센서 1.흔들렸을때 실행] 블록 안으로 드래그&드롭합니다. 블록 구성이 완료되었습니다. 앱 테스트를 위해 [빌드]-[Android App (.apk)]를 클릭합니다. 아이폰 사용자는 [연결]-[AI 컴패니언]을 이용합니다.

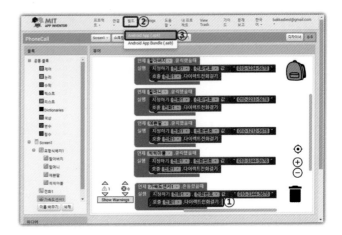

32 앱 빌드 작업이 진행됩니다. 앱 빌드가 완료되면 QR코드가 표시됩니다.

33 스마트폰에서 [MIT AI2 Companion] 또는 [App Inventor] 앱을 터치해 실행합니다. 앱이 실행되면 [scan QR code]를 클릭합니다.

34 카메라가 실행되면 PC의 QR 코드를 비춥니다. 앱 설치 파일을 다운로드 받고 설치를 진행합니다.

35 앱 설치가 완료되면 [가족전화] 앱을 터치해 실행합니다. 전화 발신 확인을 위해 이미지 중 하나를 터치합니다.

36 전화를 걸고 관리하도록 허용을 묻는 메시지가 나오면 [허용]을 터치합니다. 전화 발신이 되는 것을 확인할 수 있습니다.

2.7 언어 번역 앱 만들기

여행을 가거나 외국인을 만났을 때 의사소통이 어려워 언어번역 앱을 사용해보신 분이 있을겁니다. 스마트폰에서 사용 가능한 다양한 번역 앱이 있습니다. 앱 개발사나 개발자가 만든 번역 앱을 사용하는 것도 좋지만 직접 나만의 번역 앱을 만들어 사용하면 더 좋을듯합니다. 이번 프로젝트에서는 한↔영 번역 앱을 만들어 보겠습니다.

01 [프로젝트]를 클릭 후 [새 프로젝트 시작하기]를 클릭합니다.

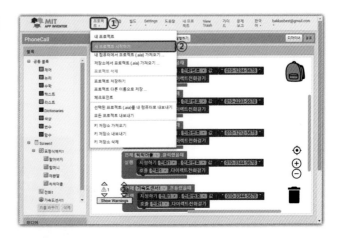

02 프로젝트 이름을 입력하는 창이 나오면 [Translator]를 입력 후 [확인]을 클릭합니다.

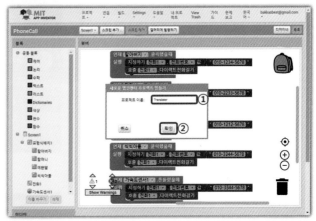

03 컴포넌트 창에서 [Screen1]을 클릭합니다. 프로젝트의 속성 창에서 수평 정렬 [가운데 : 3], 수직정렬 [가운데 : 2], 앱이름 [지니번역], 배경이미지 [bg.png], 아이콘 [icon.png]로 설정합니다.

04 속성 창에서 스크린방향 [세로], 제목 [지니번역기]로 설정합니다.

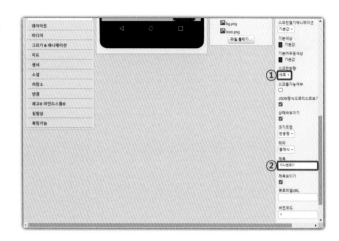

05 팔레트 창 [사용자 인터페이스]를 클릭 후 [레이블]을 뷰어 창으로 드래그&드롭합니다.

06 속성 창에서 배경색 [없음], 높이 [30 픽셀], 텍스트 [번역할 단어나 문장을 입력 후 번역 버튼을 누르세요~], 텍스트정렬 [가운데 : 1]로 설정합니다.

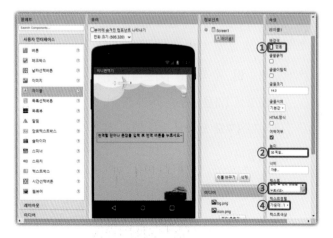

07 팔레트 창 [레이아웃] 그룹을 클릭 후 [수평배치]를 뷰어 창 레이블 아래로 3회 드래그&드롭 합니다.

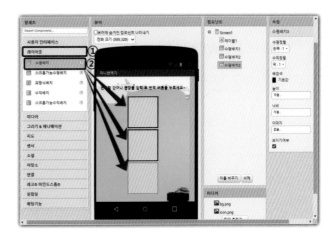

08 컴포넌트 창 [수평배치1]을 클릭 후 속성 창의 수평정렬 [가운데 : 3], 수직정렬 [가운데 : 2], 배경색 [없음], 높이 [100 픽셀], 너비 [부모 요소에 맞추기]로 설정합니다.

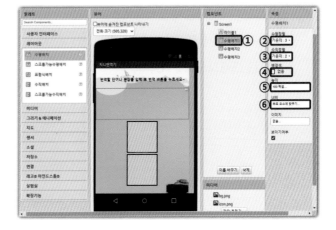

09 컴포넌트 창 [수평배치2]를 클릭 후 속성 창의 수평정렬 [가운데 : 3], 수직정렬 [가운데 : 2], 배경색 [없음], 높이 [100 픽셀], 너비 [부모 요소에 맞추기]로 설정합니다.

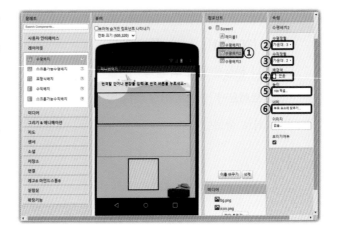

10 컴포넌트 창 [수평배치3]을 클릭 후 속성 창의 수평정렬 [가운데 : 3], 수직정렬 [가운데 : 2], 배경색 [없음], 높이 [100 픽셀], 너비 [부모 요소에 맞추기]로 설정합니다.

11 팔레트 창 [사용자 인터페이스] 그룹을 클릭 후 [이미지]를 뷰어 창 '수평배치1' 안으로 드래그&드롭합니다.

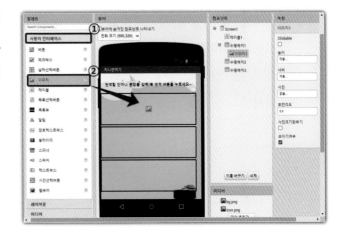

12 팔레트 창 사용자 인터페이스 그룹의 [텍스트박스]를 뷰어 창 '수평배치1' 안으로 드래그&드롭합니다.

13 팔레트 창 사용자 인터페이스 그룹의 **[이미지]**를 뷰어 창 '수평배치2' 안으로 두 번 드래그&드롭합니다.

14 팔레트 창 사용자 인터페이스 그룹의 **[이미지]**를 뷰어 창 '수평배치3' 안으로 드래그&드롭합니다.

15 팔레트 창 사용자 인터페이스 그룹의 **[텍스트박스]**를 뷰어 창 '수평배치3' 안으로 드래그&드롭합니다.

16 컴포넌트 창 '수평배치1'내의 [이미지1]을 클릭 후 속성 창의 높이 [70 픽셀], 너비 [70 픽셀], 사진 [korea.png]로 설정합니다.

17 컴포넌트 창 '수평배치1' 내의 [텍스트박스1]을 클릭 후 [이름 바꾸기]를 클릭합니다. 이름 바꾸기 창이 나오면 새 이름을 [한글텍스트박스]로 입력 후 [확인]을 클릭합니다.

18 속성 창의 높이 [100 픽셀], 너비 [70 퍼센트], 힌트 [ ], 여러 줄 [체크]로 설정합니다.

19 컴포넌트 창 '수평배치2' 내의 [이미지2]를 클릭 후 [이름 바꾸기]를 클릭합니다. 이름 바꾸기 창이 나오면 새 이름을 [한영번역]으로 입력 후 [확인]을 클릭합니다.

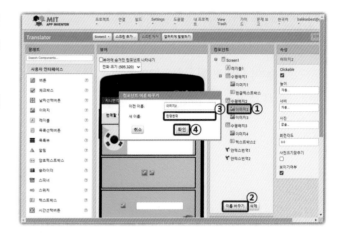

20 속성 창의 Clickable [체크], 사진 [Trans1.png]로 설정합니다.

21 컴포넌트 창 '수평배치2' 내의 [이미지3]을 클릭 후 [이름 바꾸기]를 클릭합니다. 이름 바꾸기 창이 나오면 새 이름을 [영한번역]으로 입력 후 [확인]을 클릭합니다.

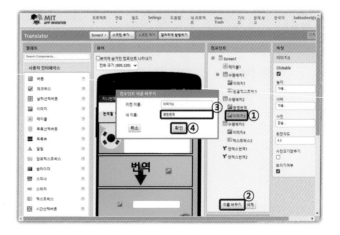

22 속성 창의 Clickable [체크], 사
진 [Trans2.png]로 설정합니
다.

23 컴포넌트 창 '수평배치3' 내의
[이미지4]를 클릭 후 속성 창의
높이 [70 픽셀], 너비 [70 픽셀],
사진 [usa.png]로 설정합니다.

24 컴포넌트 창 '수평배치3' 내의
[텍스트박스2]를 클릭 후 [이름
바꾸기]를 클릭합니다. 이름 바
꾸기 창이 나오면 새 이름을 [영
어텍스트박스]로 입력 후 [확인]
을 클릭합니다.

25 속성 창의 높이 [100 픽셀], 너비 [70 퍼센트], 힌트 [ ], 여러줄 [체크]로 설정합니다.

26 팔레트 창 [미디어] 그룹을 클릭 후 [얀덱스번역]을 뷰어 창으로 두 번 드래그&드롭합니다.

27 앱 디자인이 완료되었습니다. 블록 에디터 화면으로 이동을 위해 [블록]을 클릭합니다.

28 한국어를 영어로 번역하는 '한 영번역' 버튼의 동작을 먼저 설 정해 보겠습니다. 블록 창 [한 영번역]을 클릭 후 [언제 한영번 역.클릭했을때 실행] 블록을 뷰 어 창으로 드래그&드롭합니 다.

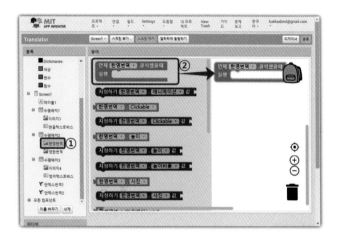

29 블록 창 [얀덱스번역1]을 클릭 후 [호출 얀덱스번역.번역요청하 기] 블록을 뷰어 창 '언제 한영 번역.클릭했을때 실행' 블록 안 으로 드래그&드롭합니다.

30 블록 창 [한글텍스트박스]를 클 릭 후 [한글텍스트박스.텍스트] 블록을 뷰어 창 '호출 얀덱스번 역.번역요청하기' 블록의 '번역 할텍스트'에 연결합니다.

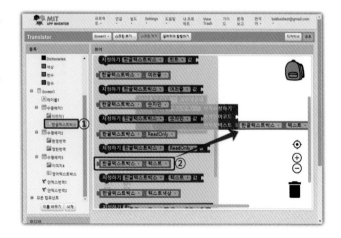

31 블록 창 [텍스트]를 클릭 후 [' ']
블록을 뷰어 창 '호출 얀덱스번
역.번역요청하기' 블록의 '번역
언어코드'에 연결합니다.

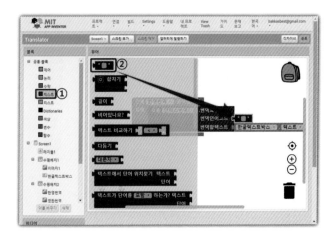

32 연결한 블록을 클릭해 [ko-en]
을 입력합니다. 앞 쪽 ko는 원
본 텍스트 언어(한글)입니다.
뒷 쪽 en은 번역할 언어(영어)
입니다.

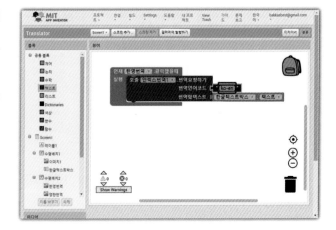

33 블록 창 [얀덱스번역1]을 클릭
후 [언제 얀덱스번역1.번역을받
았을때 실행] 블록을 뷰어 창으
로 드래그&드롭합니다.

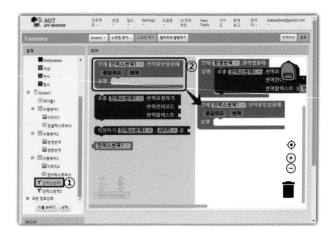

34 블록 창 [영어텍스트박스]를 클릭 후 [지정하기 영어텍스트박스.텍스트 값] 블록을 뷰어 창 '언제 얀덱스번역1.번역을받았을때 실행' 블록 안에 드래그&드롭합니다.

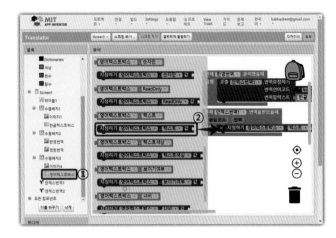

35 뷰어 창 '언제 얀덱스번역1.번역을받았을때 실행' 블록 [번역]을 클릭 후 [가져오기 번역] 블록을 '지정하기 영어텍스트박스.텍스트 값' 블록 오른쪽에 연결합니다.

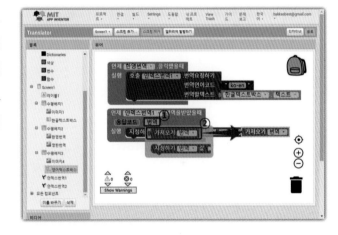

36 블록을 복제해 사용하기 위해 뷰어 창 [언제 한영번역.클릭했을때 실행] 블록에서 마우스 오른쪽 버튼을 클릭 후 [복제하기]를 클릭합니다.

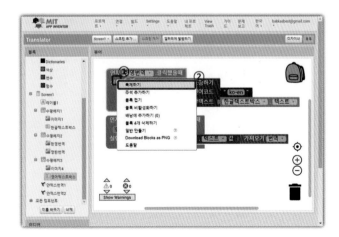

37 블록을 복제해 사용하기 위해 뷰어 창 **[언제 얀덱스번역 1 . 번역을받았을때 실행]** 블록에서 마우스 오른쪽 버튼을 클릭 후 **[복제하기]**를 클릭합니다.

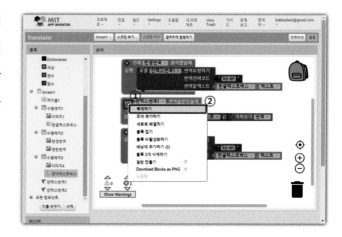

38 복제된 블록 중 '언제 한영번역.클릭했을때 실행' 블록의 **[한영번역]**을 클릭해 **[영한번역]**으로 변경합니다. 포함 블록의 **[얀덱스번역1]**을 클릭해 **[얀덱스번역2]**로 변경합니다. 번역언어코드를 **[en-ko]**로 설정합니다. 번역할텍스트 **[한글텍스트박스]**를 클릭해 **[영어텍스트박스]**로 설정합니다.

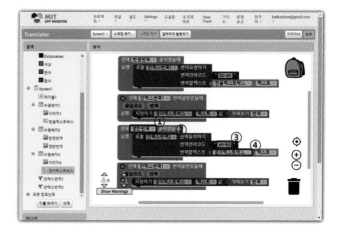

39 복제된 블록 중 '언제 얀덱스번역1.번역을받았을때 실행' 블록의 **[얀덱스번역1]**을 클릭해 **[얀덱스번역2]**로 변경합니다. '지정하기 영문텍스트박스.텍스트 값' 블록의 **[영문텍스트박스]**를 클릭해 **[한글텍스트박스]**로 변경합니다.

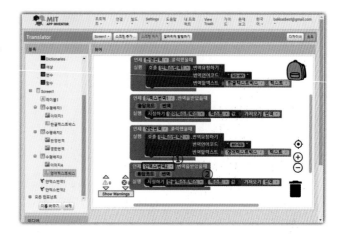

40 블록 구성이 완료되었습니다. 앱 테스트를 위해 [빌드]-[Android App (.apk)]를 클릭합니다. 아이폰 사용자는 [연결]-[AI 컴패니언]을 이용합니다.

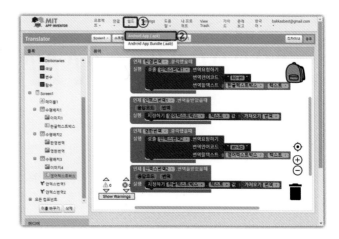

41 앱 빌드 작업이 진행됩니다. 앱 빌드가 완료되면 QR코드가 표시됩니다. PC 작업이 완료되었습니다.

42 스마트폰에서 [MIT AI2 Companion] 또는 [App Inventor] 앱을 이용해 코딩한 앱을 설치 또는 실행합니다. 설치가 완료되면 [지니번역]을 터치해 실행합니다. 번역하려는 한글 텍스트를 입력 후 왼쪽 [번역]을 터치합니다. 영문으로 번역된 내용을 확인할 수 있습니다.

●알아두세요~

번역 앱에서 번역할 코드에 한국어, 영어가 아닌 언어를 사용해보고 싶다면 아래 표를 참고해 언어를 설정하면 됩니다. 참고로 코드 입력 형식은 '사용언어-번역언어'로 사용합니다. 예를 들어 한국어를 프랑스어로 번역하고 싶다면 'ko-fr', 프랑스어를 한국어로 번역하고 싶다면 'fr-ko'로 입력하면 됩니다.

국가	언어코드	국가	언어코드
Bangla	bn	Korean	ko
Czech	cs	Mandarin Chinese	zh
Danish	da	Nepali	ne
Dutch	nl	Norwegian	no
English	en	Polish	pl
Finnish	fi	Portuguese	pt
French	fr	Russian	ru
German	de	Sinhala	si
Hindi	hi	Spanish	es
Hungarian	hu	Swedish	sv
Indonesian	in	Thai	th
Italian	it	Turkish	tr
Japanese	ja	Ukranian	uk
Khmer	km	Vietnamese	vi

2.8 언어 번역 앱 기능 추가하기

언어 번역 앱에 기능을 추가해 좀 더 편리하게 사용할 수 있도록 설정해 보겠습니다. 음성으로 텍스트를 입력하는 기능, 번역할 문장이나 번역된 문장을 음성으로 읽어주는 기능을 추가해 보겠습니다.

01 이전 언어 번역 프로젝트에서 오른쪽 상단 [디자이너]를 클릭해 디자이너 화면으로 이동합니다. 컴포넌트를 추가할 공간을 확보하기 위해 컴포넌트 창의 [수평배치2]를 클릭합니다. 속성 창의 높이를 [60 픽셀]로 설정합니다.

02 음성 인식과 음성 출력을 위한 컴포넌트 추가를 위해 팔레트 창 [레이아웃] 그룹을 클릭 후 [수평배치]를 뷰어 창 '수평배치1'과 '수평배치2' 사이에 드래그&드롭 합니다

03 컴포넌트 창에서 추가한 [수평배치4]를 클릭 후 속성 창의 수평정렬 [가운데 : 3], 수직정렬 [가운데 : 2], 배경색 [없음], 너비 [부모 요소에 맞추기]로 설정합니다.

04 팔레트 창 [사용자 인터페이스] 그룹을 클릭 후 [버튼]을 뷰어 창 '수평배치4' 안으로 두 번 드래그&드롭합니다.

05 컴포넌트 창의 [버튼1]을 클릭 후 [이름 바꾸기]를 클릭합니다. 이름 바꾸기 창이 나오면 새 이름을 [한글음성입력]으로 입력 후 [확인]을 클릭합니다.

06 속성 창의 텍스트를 [한글음성입력]으로 설정합니다.

07 컴포넌트 창의 [버튼2]를 클릭 후 [이름 바꾸기]를 클릭합니다. 이름 바꾸기 창이 나오면 새 이름을 [한글음성출력]으로 입력 후 [확인]을 클릭합니다.

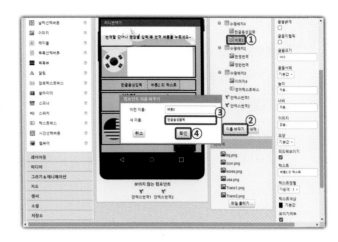

08 속성 창의 텍스트를 [한글음성출력]으로 설정합니다.

09 팔레트 창 [레이아웃] 그룹을 클릭 후 [수평배치]를 뷰어 창 '수평배치3' 아래에 드래그&드롭 합니다

10 컴포넌트 창에서 추가한 **[수평 배치5]**를 클릭 후 속성 창의 수평정렬 **[가운데 : 3]**, 수직정렬 **[가운데 : 2]**, 배경색 **[없음]**, 너비 **[부모 요소에 맞추기]**로 설정합니다.

11 팔레트 창 **[사용자 인터페이스]** 그룹을 클릭 후 **[버튼]**을 뷰어 창 '수평배치5'안으로 두 번 드래그&드롭합니다.

12 방금 드래그&드롭한 버튼 중 첫 번째 버튼인 컴포넌트 창의 **[버튼1]**을 클릭 후 **[이름 바꾸기]**를 클릭합니다. 이름 바꾸기 창이 나오면 새 이름을 **[영문음성 입력]**으로 입력 후 **[확인]**을 클릭합니다.

100

13 속성 창의 텍스트를 [영문음성
입력]으로 설정합니다.

14 컴포넌트 창의 [버튼2]를 클릭
후 [이름 바꾸기]를 클릭합니다.
이름 바꾸기 창이 나오면 새 이
름을 [영문음성출력]으로 입력
후 [확인]을 클릭합니다.

15 속성 창의 텍스트를 [영문음성
출력]으로 설정합니다.

16 팔레트 창 [미디어] 그룹을 클릭 후 [음성인식]을 뷰어 창으로 두 번 드래그&드롭합니다. 음성 인식 컴포넌트는 스마트폰 화면에 보이지 않고 하단 '보이지 않는 컴포넌트'에 표시됩니다.

17 팔레트 창 미디어 그룹의 [음성 변환]을 뷰어 창으로 두 번 드래 그&드롭합니다. 음성변환 컴포 넌트는 스마트폰 화면에 보이 지 않고 하단 '보이지 않는 컴 포넌트'에 표시됩니다.

18 컴포넌트 창 [음성인식1]을 클릭 후 [이름 바꾸기]를 클릭합니다. 이름 바꾸기 창이 나오면 새 이 름을 [한글음성인식]으로 설정 후 [확인]을 클릭합니다.

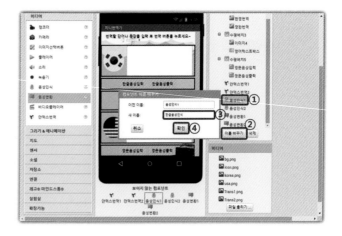

19 컴포넌트 창 **[음성인식2]**를 클릭 후 **[이름 바꾸기]**를 클릭합니다. 이름 바꾸기 창이 나오면 새 이름을 **[영문음성인식]**으로 설정 후 **[확인]**을 클릭합니다.

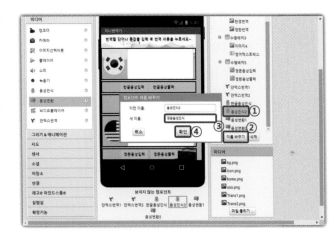

20 컴포넌트 창 **[음성변환1]**을 클릭 후 **[이름 바꾸기]**를 클릭합니다. 이름 바꾸기 창이 나오면 새 이름을 **[한글음성변환]**으로 설정 후 **[확인]**을 클릭합니다.

21 컴포넌트 창 **[음성변환2]**를 클릭 후 **[이름 바꾸기]**를 클릭합니다. 이름 바꾸기 창이 나오면 새 이름을 **[영문음성변환]**으로 설정 후 **[확인]**을 클릭합니다.

22 화면 디자인이 완료되었습니다. 블록 에디터 화면으로 이동하기 위해 **[블록]**을 클릭합니다.

23 먼저 음성으로 한글을 입력하는 작업을 구성해 보겠습니다. 블록 창에서 **[한글음성입력]**을 클릭 후 **[언제 한글음성입력.클릭했을때 실행]** 블록을 뷰어 창으로 드래그&드롭합니다.

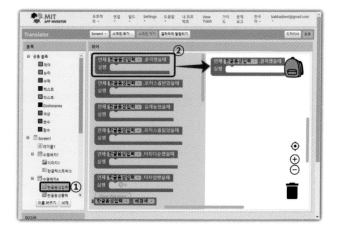

24 블록 창에서 **[한글음성인식]**을 클릭 후 **[호출 한글음성인식.텍스트가져오기]** 블록을 뷰어 창 '언제 한글음성입력.클릭했을때 실행' 안으로 드래그&드롭합니다.

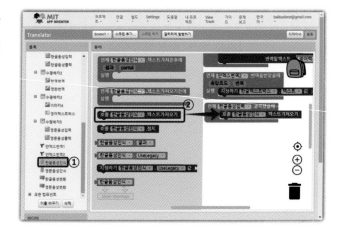

25 블록 창에서 [한글음성인식]을 클릭 후 [언제 한글음성인식.텍스트가져온후에 실행] 블록을 뷰어 창으로 드래그&드롭합니다.

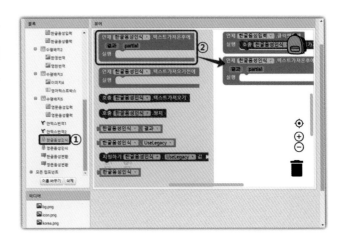

26 블록 창에서 [한글텍스트박스]를 클릭 후 [지정하기 한글텍스트박스.텍스트 값] 블록을 뷰어 창 '언제 한글음성인식.텍스트가져온후에 실행' 블록 안으로 드래그&드롭합니다.

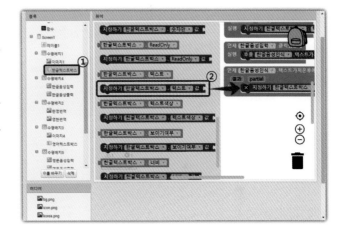

27 뷰어 창 '언제 한글음성인식.텍스트가져온후에 실행' 블록의 [결과]를 클릭 후 [가져오 결과] 블록을 '지정하기 한글텍스트박스.텍스트 값' 블록 오른쪽에 연결합니다.

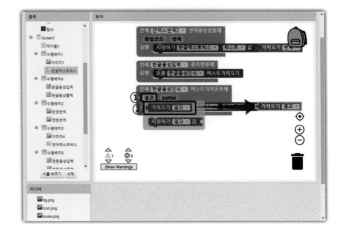

28 뷰어 창 **[언제 한글음성입력.클릭했을때 실행]** 블록에서 마우스 오른쪽 버튼을 눌러 **[복제하기]**를 클릭합니다.

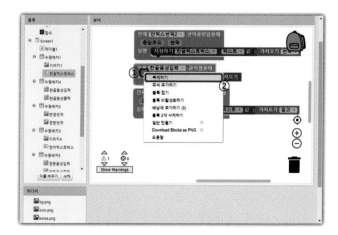

29 뷰어 창 **[언제 한글음성인식.텍스트가져온후에 실행]** 블록에서 마우스 오른쪽 버튼을 눌러 **[복제하기]**를 클릭합니다.

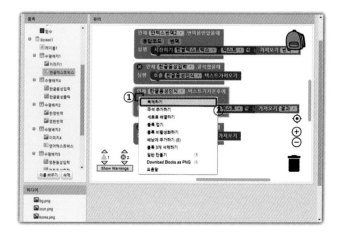

30 복제된 블록 중 '언제 한글음성입력.클릭했을때 실행' 블록에서 **[한글음성입력]**을 클릭해 **[영문음성입력]**으로, **[한글음성인식]**을 클릭해 **[영문음성인식]**으로 변경합니다.

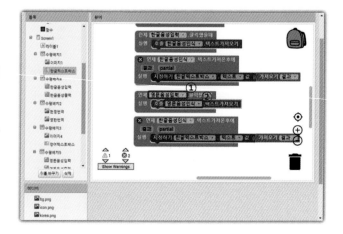

31 복제된 블록 중 '언제 한글음성 인식.텍스트가져온후에 실행' 블록에서 **[한글음성인식]**을 클릭해 **[영문음성인식]**으로, **[한글 텍스트박스]**를 클릭해 **[영문텍스 트박스]**로 변경합니다.

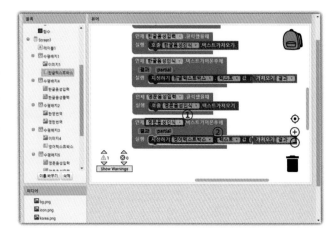

32 블록 창에서 **[한글음성출력]**을 클릭 후 **[언제 한글음성출력.클 릭했을때 실행]** 블록을 뷰어 창 으로 드래그&드롭합니다.

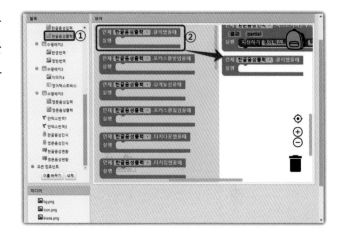

33 블록 창에서 **[한글음성변환]**을 클릭 후 **[호출 한글음성변환.말 하기]** 블록을 뷰어 창 '언제 한 글음성출력.클릭했을때 실행' 블록 안으로 드래그&드롭합니 다.

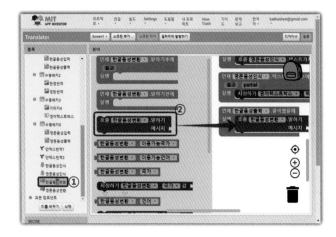

34 블록 창에서 [한글텍스트박스]를 클릭 후 [한글텍스트박스.텍스트] 블록을 뷰어 창 '호출 한글음성변환.말하기 메시지' 블록에 연결합니다.

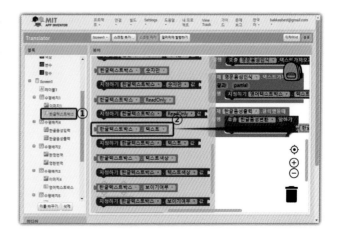

35 뷰어 창 [언제 한글음성출력.클릭했을때 실행] 블록에서 마우스 오른쪽 버튼을 눌러 [복제하기]를 클릭합니다.

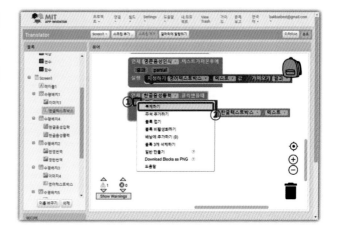

36 복제된 블록에서 [한글음성출력]을 클릭해 [영문음성출력]으로, [한글음성변환]을 [영문음성변환]으로, [한글텍스트박스]를 [영어텍스트박스]로 변경합니다.

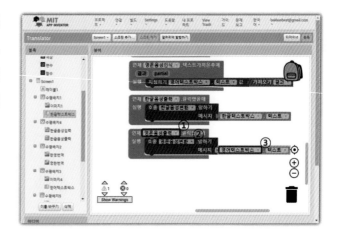

37 블록 구성이 완료되었습니다. 앱 테스트를 위해 [빌드]-[Android App (.apk)]를 클릭합니다. 아이폰 사용자는 [연결]-[AI 컴패니언]을 이용합니다.

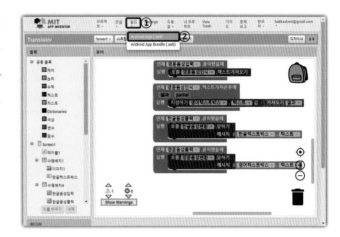

38 앱 빌드 작업이 진행됩니다. 앱 빌드가 완료되면 QR코드가 표시됩니다. PC 작업이 완료되었습니다.

39 스마트폰에서 [MIT AI2 Companion] 또는 [App Inventor] 앱을 이용해 앱을 설치하거나 실행합니다. [한글음성입력]을 터치해 음성이 텍스트로 인식되어 나타나는지 확인합니다.

40 인식된 한글 텍스트가 음성 출력되는지 확인하기 위해 [한글음성출력]을 터치합니다. 음성 확인이 되면 번역을 확인하기 위해 [번역]을 터치합니다. [영문음성입력], [영문음성출력]도 터치해 정상적으로 동작하는지 확인합니다.

2.9 녹음기 앱 만들기

스마트폰의 마이크를 통해 들리는 소리를 녹음할 수 있는 앱을 만들어 보겠습니다. 녹음 기능과 녹음한 소리를 재생할 수 있는 기능을 구현해 보겠습니다.

01 새로운 프로젝트를 만들기 위해 [프로젝트]-[새 프로젝트 시작하기]를 클릭합니다.

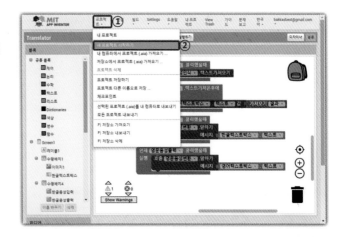

02 프로젝트 이름을 입력하는 창이 나오면 [Sound_Rec]를 입력 후 [확인]을 클릭합니다.

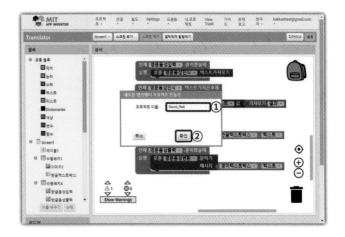

03 컴포넌트 창의 [Screen1]을 클릭 후 속성 창에서 수평정렬 [가운데 : 3], 수직정렬 [가운데 : 2], 앱이름 [지니녹음기], 배경이미지 [bg.png], 아이콘 [rec.png]로 설정합니다.

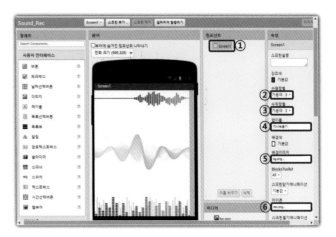

04 속성 창 스크린방향 [세로], 제
목 [지니녹음기]로 입력합니다.

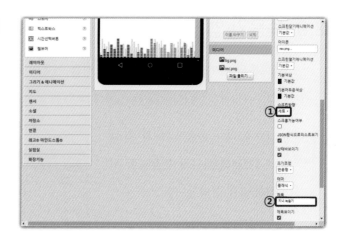

05 팔레트 창 사용자 인터페이스
그룹에서 [레이블]을 뷰어 창으
로 드래그&드롭합니다.

06 팔레트 창 [레이아웃] 그룹을 클
릭 후 [수평배치]를 뷰어 창으로
드래그&드롭합니다.

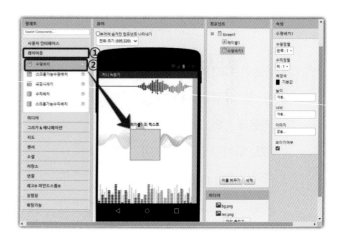

07 팔레트 창 [사용자 인터페이스] 그룹을 클릭 후 [레이블]을 뷰어 창으로 두 번 드래그&드롭합니다.

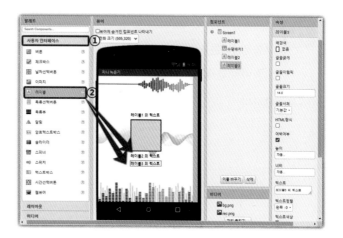

08 팔레트 창 [레이아웃] 그룹을 클릭 후 [수평배치]를 뷰어 창으로 드래그&드롭합니다.

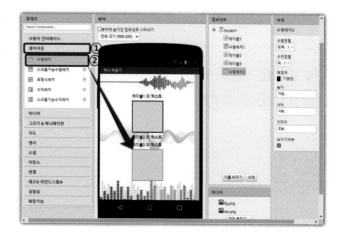

09 팔레트 창 [사용자 인터페이스] 그룹을 클릭 후 [버튼]을 뷰어 창 첫 번째 수평배치 안으로 두 번 드래그&드롭합니다.

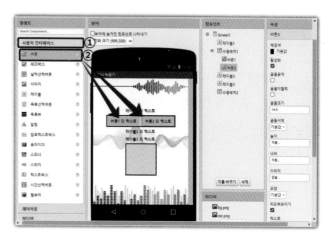

10 팔레트 창 사용자 인터페이스 그룹의 [버튼]을 뷰어 창 수평배치2 안으로 세 번 드래그&드롭 합니다.

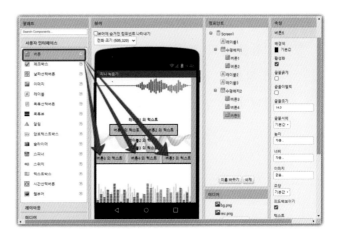

11 컴포넌트 창의 [레이블1]을 클릭 후 속성 창에서 글꼴굵게 [체크], 글꼴크기 [16], 텍스트 [녹음]으로 설정합니다.

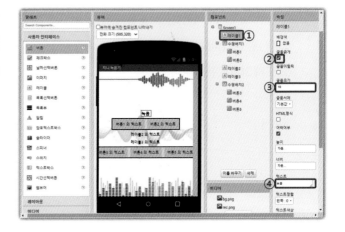

12 컴포넌트 창의 [수평배치1]을 클릭 후 속성창에서 수평정렬 [가운데 : 3], 수직정렬 [가운데 : 2], 배경색 [없음]으로 설정합니다.

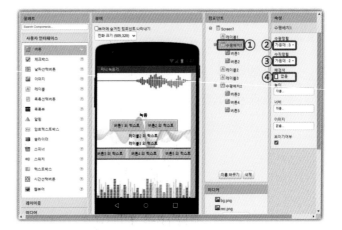

13 컴포넌트 창의 [버튼1]을 클릭 후 [이름 바꾸기]를 클릭합니다. 이름 바꾸기 창이 나오면 새 이름에 [녹음시작]을 입력 후 [확인]을 클릭합니다.

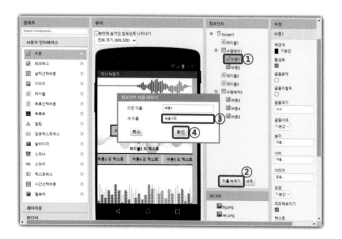

14 컴포넌트 창의 [녹음시작]을 클릭 후 속성 창에서 이미지 [rec.png], 텍스트 [ ]로 설정합니다.

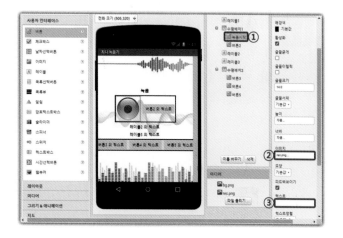

15 컴포넌트 창의 [버튼2]를 클릭 후 [이름 바꾸기]를 클릭합니다. 이름 바꾸기 창이 나오면 새 이름에 [녹음중지]를 입력 후 [확인]을 클릭합니다.

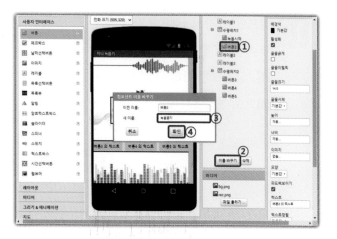

16 컴포넌트 창의 [녹음중지]를 클릭 후 속성 창에서 이미지 [rec_stop.png], 텍스트 [ ]로 설정합니다.

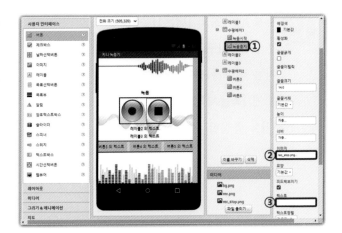

17 컴포넌트 창의 [레이블2]를 클릭 후 속성 창에서 높이 [30 픽셀], 텍스트 [ ]로 설정합니다.

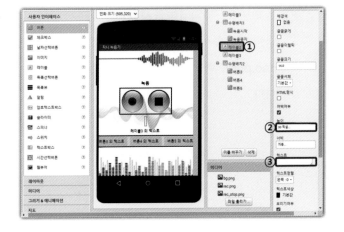

18 컴포넌트 창의 [레이블3]을 클릭 후 속성 창에서 글꼴굵게 [체크], 글꼴크기 [16], 텍스트 [재생]으로 설정합니다.

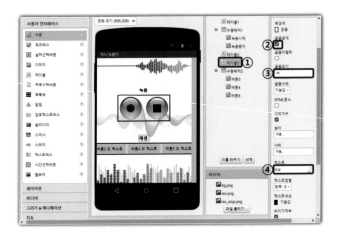

19 컴포넌트 창의 [수평배치2]를 클릭 후 속성 창에서 수평정렬 [가운데 : 3], 수직정렬 [가운데 : 2], 배경색 [없음]으로 설정합니다.

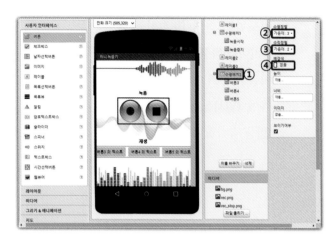

20 컴포넌트 창의 [버튼3]을 클릭 후 [이름 바꾸기]를 클릭합니다. 이름 바꾸기 창이 나오면 새 이름에 [재생시작]을 입력 후 [확인]을 클릭합니다.

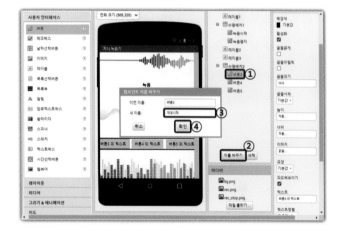

21 컴포넌트 창의 [재생시작]을 클릭 후 속성 창에서 이미지 [play.png], 텍스트 [ ]로 설정합니다.

22 컴포넌트 창의 [버튼4]를 클릭 후 [이름 바꾸기]를 클릭합니다. 이름 바꾸기 창이 나오면 새 이름에 [일시정지]를 입력 후 [확인]을 클릭합니다.

23 컴포넌트 창의 [일시정지]를 클릭 후 속성 창에서 이미지 [pause.png], 텍스트 [ ]로 설정합니다.

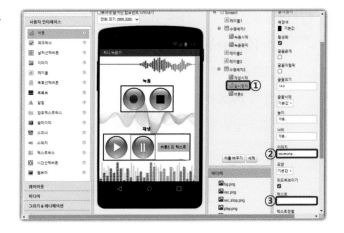

24 컴포넌트 창의 [버튼5]를 클릭 후 [이름 바꾸기]를 클릭합니다. 이름 바꾸기 창이 나오면 새 이름에 [재생정지]를 입력 후 [확인]을 클릭합니다.

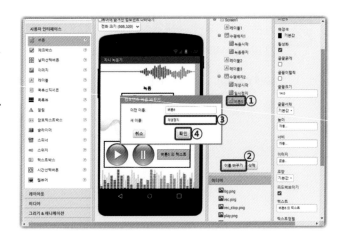

25 컴포넌트 창의 **[재생정지]**를 클릭 후 속성 창에서 이미지 **[stop.png]**, 텍스트 **[ ]**로 설정합니다.

26 팔레트 창의 **[미디어]** 그룹을 클릭 후 **[녹음기]**를 뷰어 창으로 드래그&드롭합니다.

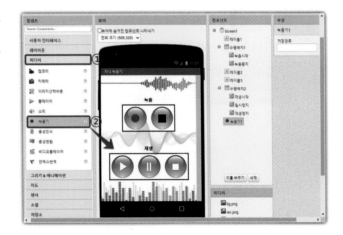

27 팔레트 창의 미디어 그룹의 **[플레이어]**를 뷰어 창으로 드래그&드롭합니다.

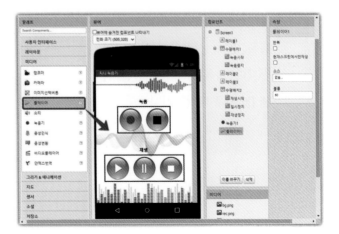

28 팔레트 창의 **[저장소]** 그룹을 클릭 후 **[파일]**을 뷰어 창으로 드래그&드롭합니다.

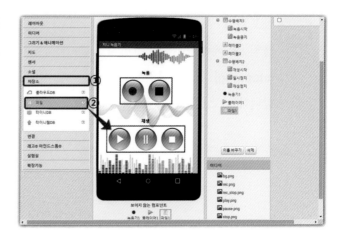

29 이미지를 추가 등록하기 위해 미디어 그룹의 **[파일 올리기]**를 클릭 후 **[파일 선택]**을 클릭해 **[rec_ing.png]** 파일을 등록합니다.

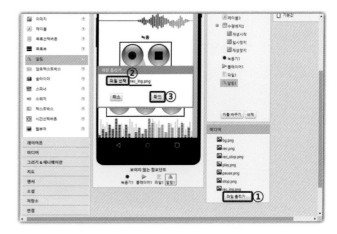

30 화면 디자인을 위한 컴포넌트 등록 및 속성 설정이 완료되었습니다. 블록 창으로 이동을 위해 **[블록]**을 클릭합니다.

31 녹음 버튼 동작 구성을 해보겠습니다. 블록 창에서 [녹음시작]을 클릭 후 [언제 녹음시작.클릭했을때 실행] 블록을 뷰어 창으로 드래그&드롭합니다.

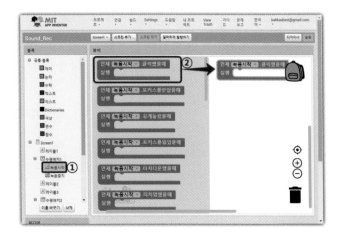

32 블록 창에서 [녹음기1]을 클릭 후 [호출 녹음기1.시작하기] 블록을 뷰어 창 '언제 녹음시작.클릭했을때 실행' 블록 안으로 드래그&드롭합니다.

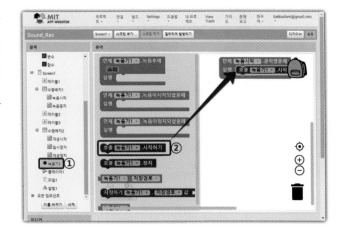

33 블록 창에서 [녹음시작]을 클릭 후 [지정하기 녹음시작.이미지 값] 블록을 뷰어 창 '언제 녹음시작.클릭했을때 실행' 블록 안으로 드래그&드롭합니다.

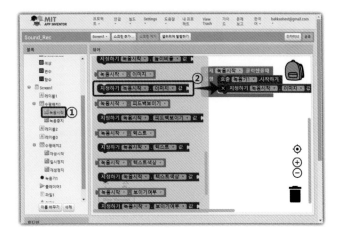

34 블록 창에서 [녹음시작]을 클릭 후 [지정하기 녹음시작.활성화 값] 블록을 뷰어 창 '언제 녹음 시작.클릭했을때 실행' 블록 안 으로 드래그&드롭합니다.

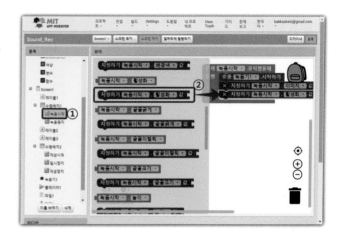

35 블록 창에서 [텍스트]를 클릭 후 [' '] 블록을 뷰어 창 '지정하기 녹음시작.이미지 값' 블록에 연 결합니다.

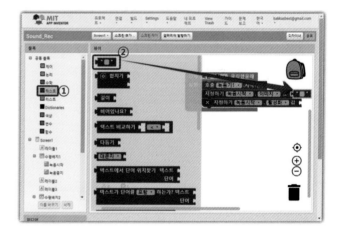

36 드래그&드롭한 [' '] 블록을 클 릭해 [rec_ing.png]로 입력합니 다.

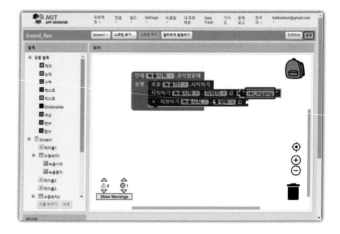

37 블록 창에서 [논리]를 클릭 후 [거짓] 블록을 뷰어 창 '지정하기 녹음시작.활성화 값' 블록에 연결합니다.

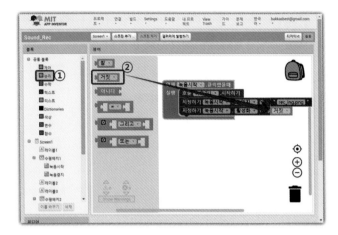

38 이어서 녹음을 중지할 때 필요한 블록을 구성해 보겠습니다. 블록 창에서 [녹음중지]를 클릭 후 [언제 녹음중지.클릭했을때 실행] 블록을 뷰어 창으로 드래그&드롭합니다.

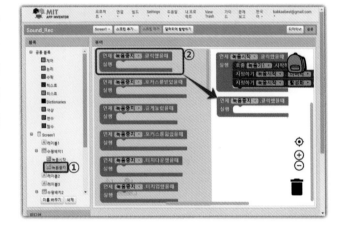

39 블록 창에서 [녹음기1]을 클릭 후 [호출 녹음기1.정지] 블록을 뷰어 창 '언제 녹음중지.클릭했을때 실행' 블록 안으로 드래그&드롭합니다.

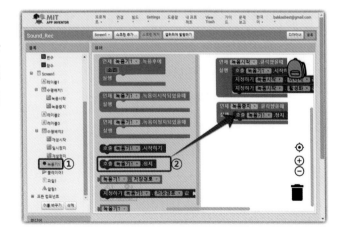

40 블록을 복제해 사용하겠습니다. **[지정하기 녹음시작.이미지 값]** 블록에서 마우스 오른쪽 버튼을 누른 후 **[복제하기]**를 클릭합니다.

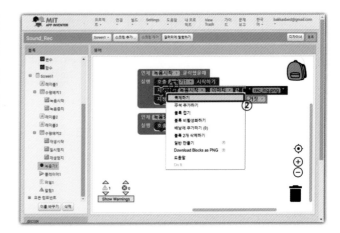

41 **[지정하기 녹음시작.활성화 값]** 블록에서 마우스 오른쪽 버튼을 누른 후 **[복제하기]**를 클릭합니다.

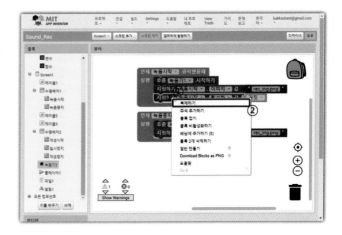

42 복제된 블록들을 **[언제 녹음중지.클릭했을때 실행]** 블록 안으로 드래그&드롭합니다. '지정하기 녹음시작.이미지 값' 블록에 연결된 블록의 값을 **[rec.png]**로 설정합니다. '지정하기 녹음시작.활성화 값' 블록에 연결된 블록의 값을 **[참]**으로 설정합니다.

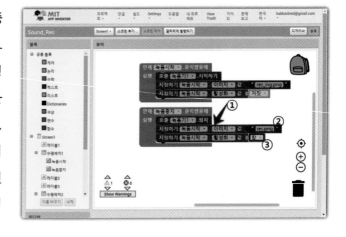

43 블록 창에서 [녹음기1]을 클릭 후 [언제 녹음기1.녹음후에 실행] 블록을 뷰어 창으로 드래그&드롭합니다.

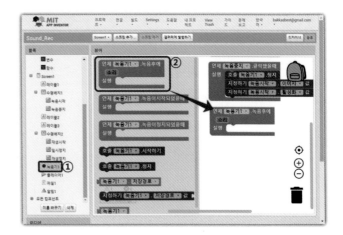

44 블록 창에서 [플레이어1]을 클릭 후 [지정하기 플레이어1.소스 값] 블록을 뷰어 창 '언제 녹음기1.녹음후에 실행' 블록 안으로 드래그&드롭합니다.

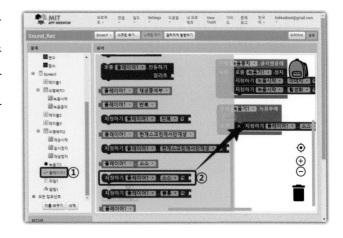

45 뷰어 창 '언제 녹음기1.녹음후에 실행' 블록에서 [소리]를 클릭 후 [가져오기 소리] 블록을 '지정하기 플레이어1.소스 값' 블록에 연결합니다.

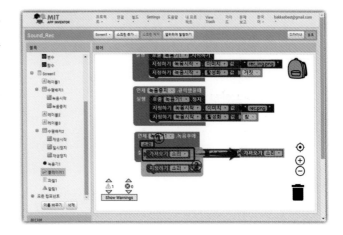

46 이번에는 녹음한 소리를 재생하는 블록을 구성해 보겠습니다. 블록 창에서 **[재생시작]**을 클릭 후 **[언제 재생시작.클릭했을때 실행]** 블록을 뷰어 창으로 드래그&드롭합니다.

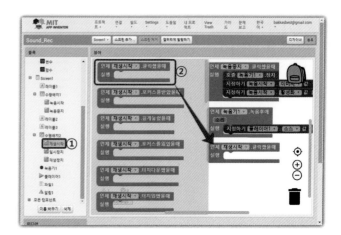

47 블록 창에서 **[플레이어1]**을 클릭 후 **[호출 플레이어1.시작하기]** 블록을 뷰어 창 '언제 재생시작.클릭했을때 실행' 블록 안으로 드래그&드롭합니다.

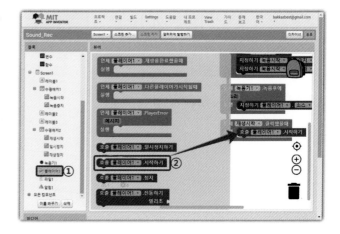

48 블록 창에서 **[일시정지]**를 클릭 후 **[언제 일시정지.클릭했을때 실행]** 블록을 뷰어 창으로 드래그&드롭합니다.

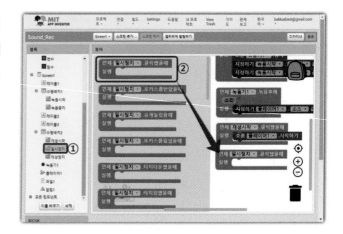

49 블록 창에서 [플레이어1]을 클릭 후 [호출 플레이어1.일시정지하기] 블록을 뷰어 창 '언제 일시정지.클릭했을때 실행' 블록 안으로 드래그&드롭합니다.

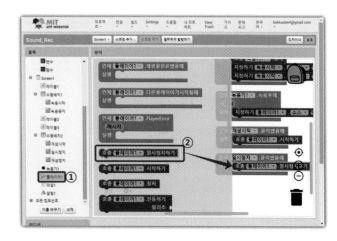

50 블록 창에서 [재생정지]를 클릭후 [언제 재생정지.클릭했을때 실행] 블록을 뷰어 창으로 드래그&드롭합니다.

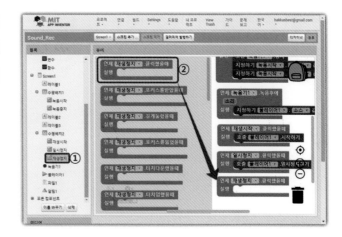

51 블록 창에서 [플레이어1]을 클릭 후 [호출 플레이어1.정지] 블록을 뷰어 창 '언제 재생정지.클릭했을때 실행' 블록 안으로 드래그&드롭합니다.

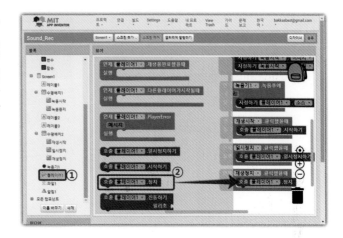

52 블록 구성이 완료되었습니다. 앱 테스트를 위해 **[빌드]**-**[Android App (.apk)]**를 클릭합니다. 아이폰 사용자는 **[연결]**-**[AI 컴패니언]**을 이용합니다.

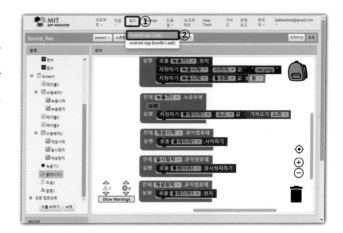

53 앱 빌드 작업이 진행됩니다. 앱 빌드가 완료되면 QR코드가 표시됩니다. PC 작업이 완료되었습니다.

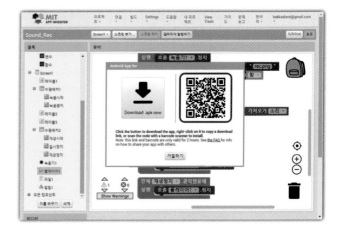

54 스마트폰에서 **[MIT AI2 Companion]** 또는 **[App Inventor]** 앱을 실행하고 **[scan QR code]**를 터치해 PC의 QR 코드를 인식해 앱을 설치 또는 실행합니다.

55 앱 설치가 완료되면 [지니녹음기] 앱을 실행합니다. 붉은색 원의 [녹음시작]을 터치해 녹음을 진행합니다. 마이크와 저장소 권한 허용 메시지가 나오면 [허용]을 터치합니다.

56 [녹음중지]를 터치해 녹음을 종료합니다. 정상적으로 녹음이 되었는지 확인을 위해 [재생]을 터치합니다.

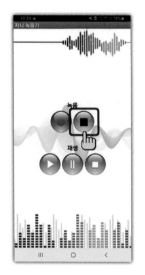 

57 녹음된 소리는 스마트폰에 파일로 저장(아이폰 제외)됩니다. 저장된 파일은 스마트폰 기본 파일 탐색기에서는 확인이 되지 않아 별도의 파일 탐색기 앱을 설치해야합니다. 추천해드리는 파일 탐색기 앱은 [CX 파일 탐색기], [파일 관리자]가 있습니다.

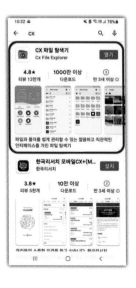 

58 CX 파일 탐색기를 설치하고 파일을 확인하는 방법으로 설명드리겠습니다. CX 파일 탐색기를 실행합니다. 앱이 실행되면 **[메인 저장소]**를 터치합니다. 폴더 중 **[Android]** 폴더를 터치합니다.

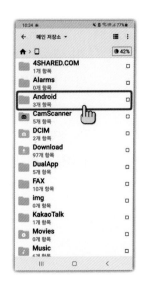

59 파일의 저장 경로는 안드로이드 버전에 따라 다릅니다. 안드로이드 버전 7.0~9.0 까지는 **[My Documents\Recordings]**에 저장되며, 10버전 이상은 **[Android\data\App Inventor. ai_구글ID.프로젝트이름\files\ My Documents\Recordings]** 폴더에 저장됩니다.

2.10 두더지 잡기 게임 만들기

두더지를 망치로 잡는 게임을 해보신 분이 계실겁니다. 스마트폰 화면에 랜덤하게 나타나는 두더지를 터치해 점수를 올리는 두더지 게임을 만들어 보겠습니다.

01 새로운 프로젝트를 만들기 위해 **[프로젝트]-[새 프로젝트 시작하기]**를 클릭합니다.

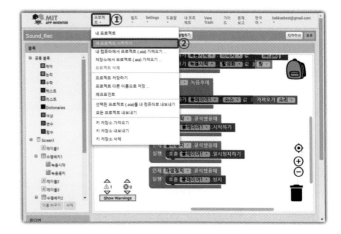

02 프로젝트 이름을 입력하는 창이 나오면 **[Mole_Game]**을 입력 후 **[확인]**을 클릭합니다.

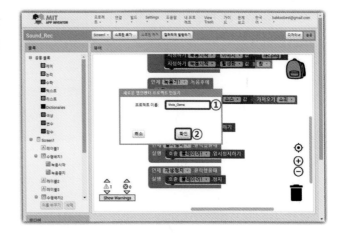

03 컴포넌트 창의 **[Screen1]**을 클릭 후 속성 창에서 앱이름 **[두더지잡기]**, 배경이미지 **[background.png]**, 아이콘 **[mole.png]**, 제목보이기 **[체크 해제]**로 설정합니다.

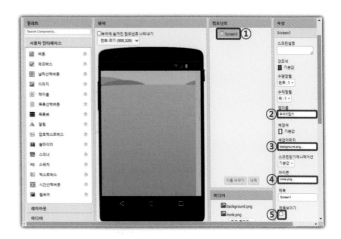

04 팔레트 창의 [그리기 & 애니메이션] 그룹을 클릭 후 [캔버스]를 뷰어 창으로 드래그&드롭합니다.

05 컴포넌트 창의 [캔버스1]을 클릭 후 속성 창에서 배경색 [없음], 높이 [80 퍼센트], 너비 [부모 요소에 맞추기]로 설정합니다.

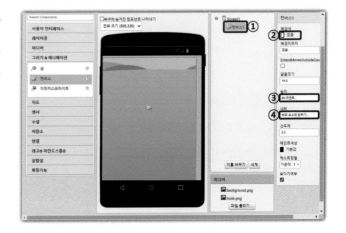

06 팔레트 창의 [이미지스프라이트]를 뷰어 창 캔버스 안으로 드래그&드롭합니다.

07 컴포넌트 창의 [이미지스프라이트1]을 클릭 후 속성 창에서 사진 [mole.png]로 설정합니다.

08 팔레트 창의 [레이아웃] 그룹을 클릭 후 [수평배치]를 뷰어 창 캔버스 아래쪽으로 드래그&드롭합니다.

09 컴포넌트 창의 [수평배치1]을 클릭 후 속성 창에서 배경색 [없음], 너비 [부모 요소에 맞추기]로 설정합니다.

10 팔레트 창의 [사용자 인터페이스] 그룹을 클릭 후 [레이블]을 뷰어 창 '수평배치1' 안으로 두 번 드래그&드롭합니다.

11 컴포넌트 창의 [레이블1]을 클릭 후 속성 창에서 텍스트 [점수 :]로 설정합니다.

12 컴포넌트 창의 [레이블2]를 클릭 후 [이름 바꾸기]를 클릭합니다. 컴포넌트 이름 바꾸기 창이 나오면 새 이름을 [점수]로 입력 후 [확인]을 클릭합니다.

13 컴포넌트 창의 [점수]를 클릭 후 속성 창에서 텍스트 [0]으로 설정합니다.

14 팔레트 창의 '사용자 인터페이스' 그룹의 [버튼]을 뷰어 창 가장 하단으로 드래그&드롭 합니다.

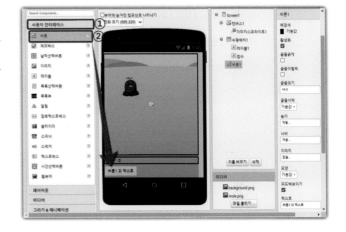

15 컴포넌트 창의 [버튼1]을 클릭 후 [이름 바꾸기]를 클릭합니다. 컴포넌트 이름 바꾸기 창이 나오면 새 이름을 [시작]으로 입력 후 [확인]을 클릭합니다.

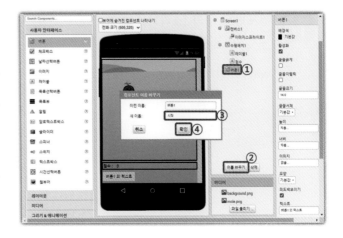

16 속성 창에서 텍스트 **[시작(재시작)]**으로 설정합니다.

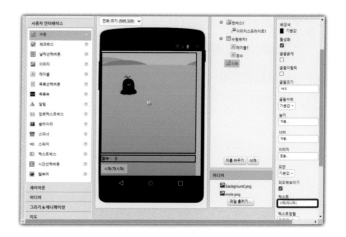

17 팔레트 창의 **[미디어]** 그룹을 클릭 후 **[소리]**를 뷰어 창으로 드래그&드롭합니다.

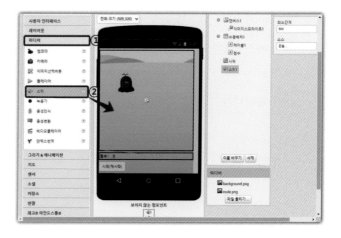

18 컴포넌트 창의 **[소리1]**을 클릭 후 속성 창에서 소스 **[pong. wav]**로 설정합니다.

19 팔레트 창의 **[센서]** 그룹을 클릭 후 **[시계]**를 뷰어 창으로 드래그&드롭합니다. 속성 창에서 타이머 간격 **[500]**으로 설정합니다. 타이머 간격 500은 0.5초를 의미하고, 1000은 1초를 의미합니다. 0.5초 마다 두더지를 랜덤 위치에 나타낼 때 사용할 예정입니다.

20 화면 디자인이 완료되었습니다. 블록 에디터로 이동하기 위해 **[블록]**을 클릭합니다.

21 먼저 두더지를 0.5초에 한번씩 화면의 랜덤한 위치에 나타나도록 설정해 보겠습니다. 블록 창의 **[시계1]**을 클릭 후 **[언제 시계1.타이머가작동할때 실행]**을 뷰어 창으로 드래그&드롭합니다.

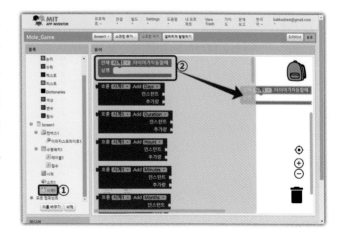

22 블록 창의 **[이미지스프라이트1]**을 클릭 후 **[호출 이미지스프라이트1.좌표로이동하기]**를 뷰어 창 '언제 시계1.타이머가작동할때 실행' 블록 안으로 드래그&드롭합니다.

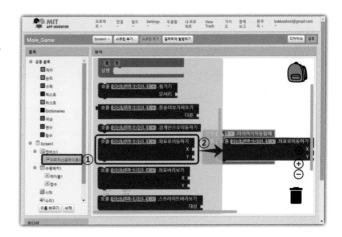

23 블록 창의 **[수학]**을 클릭 후 **[임의의 정수 시작 1 끝 100]**을 뷰어 창 '호출 이미지스프라이트1.좌표로이동하기' 블록 오른쪽에 'X'와 'Y'에 각각 연결합니다.

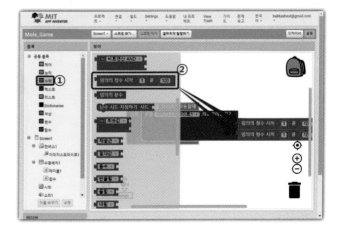

24 블록 창의 **[캔버스1]**을 클릭 후 **[캔버스1.너비]**를 뷰어 창 첫번째 '임의의 정수 시작 1 끝 100' 블록의 끝 항목에 드래그&드롭합니다.

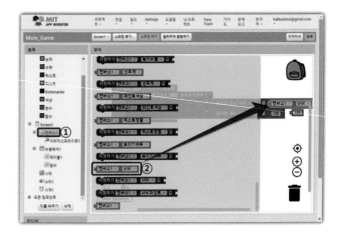

25 블록 창의 **[캔버스1]**을 클릭 후 **[캔버스1.높이]**를 뷰어 창 두 번째 '임의의 정수 시작 1 끝 100' 블록의 끝 항목에 드래그&드롭합니다.

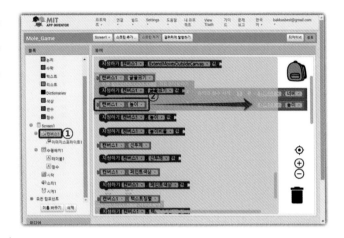

26 뷰어 창 두 개의 **[100]** 블록을 오른쪽 하단 휴지통으로 드래그&드롭합니다. 휴지통이 열린 모양일 때 마우스 버튼을 놓으면 블록이 삭제됩니다.

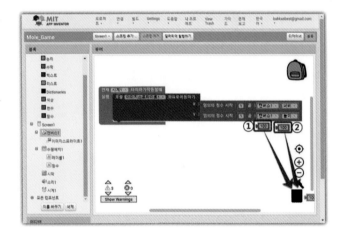

27 이이서 두더지를 터치했을 때 점수를 증가시키는 블록을 구성해 보겠습니다. 블록 창의 **[이미지스프라이트1]**을 클릭 후 **[언제 이미지스프라이트1.터치했을때 실행]**을 뷰어 창으로 드래그&드롭합니다.

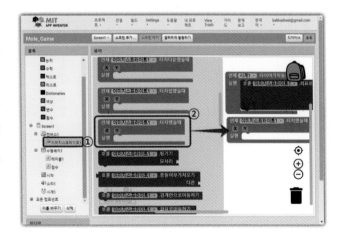

28 블록 창의 **[점수]**를 클릭 후 **[지정하기 점수.텍스트 값]**을 뷰어 창 '언제 이미지스프라이트 1.터치했을때 실행' 블록 안으로 드래그&드롭합니다.

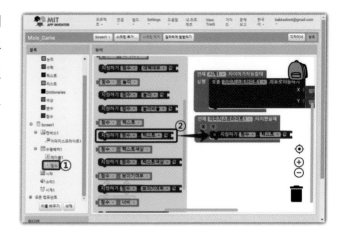

29 이미지(두더지) 스프라이트 터치시 점수를 증가시키는 블록은 '점수=기존획득점수+1' 형식으로 구성해야 합니다. 블록 창의 **[수학]**을 클릭 후 **[□ + □]**를 뷰어 창 '지정하기 점수.텍스트 값' 블록 오른쪽에 연결합니다.

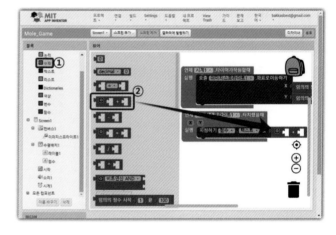

30 블록 창의 **[점수]**를 클릭 후 **[점수.텍스트]**를 뷰어 창 '□ + □' 블록 첫 번째 □에 드래그&드롭합니다.

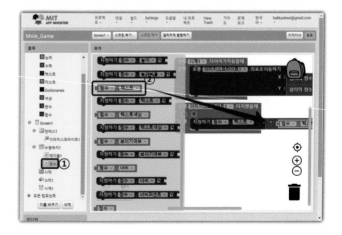

31 블록 창의 [수학]을 클릭 후 [0]을 뷰어 창 '□ + □' 블록 두 번째 □에 드래그&드롭합니다. 드래그&드롭한 블록의 값을 [1]로 변경합니다.

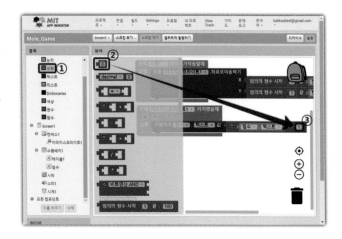

32 블록 창의 [소리1]을 클릭 후 [호출 소리1.재생하기]를 뷰어 창 '언제 이미지스프라이트 1.터치했을때 실행' 안으로 드래그&드롭합니다.

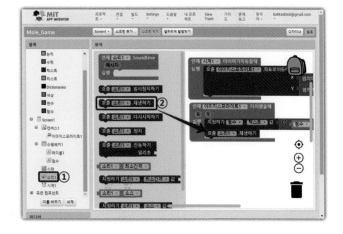

33 게임 시작 버튼을 눌렀을 때 점수를 초기화 하는 블록을 구성해 보겠습니다. 블록 창의 [시작]을 클릭 후 [언제 시작.클릭했을때 실행]을 뷰어 창으로 드래그&드롭합니다.

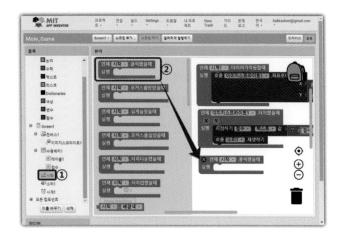

34 블록 창의 [점수]를 클릭 후 [지정하기 점수.텍스트 값]을 뷰어 창 '언제 시작.클릭했을때 실행' 안으로 드래그&드롭합니다.

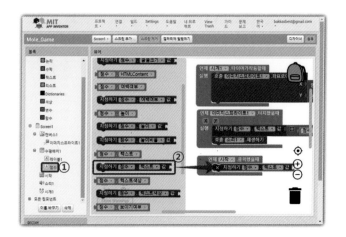

35 블록 창의 [수학]을 클릭 후 [0]을 뷰어 창 '지정하기 점수.텍스트 값' 블록에 연결합니다.

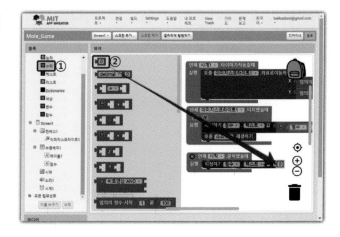

36 이번에는 앱이 실행될 때 필요한 값을 설정해 보겠습니다. 블록 창의 [Screen1]을 클릭 후 [언제 Screen1.초기화되었을때]를 뷰어 창으로 드래그&드롭합니다.

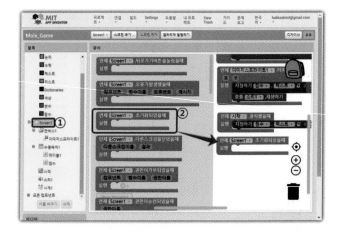

37 뷰어 창 '언제 시작.클릭했을 때' 블록 안의 **[지정하기 점수.텍스트 값]** 블록에서 마우스 오른쪽 버튼을 클릭 후 **[복제하기]**를 클릭합니다.

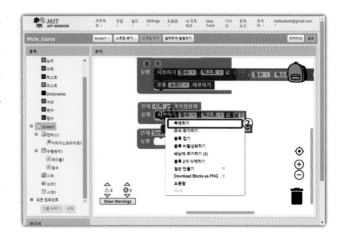

38 복제된 블록을 뷰어 창 '언제 Screen1.초기화되었을때 실행' 블록 안으로 드래그&드롭 합니다. 블록 구성이 완료되었습니다. 중간 점검을 위해 상단 **[연결]-[AI 컴패니언]**을 클릭합니다.

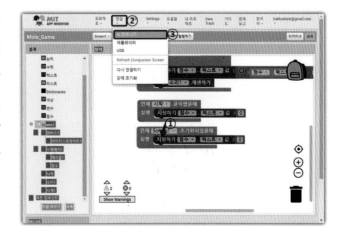

39 QR코드가 표시됩니다. PC 작업이 완료되었습니다.

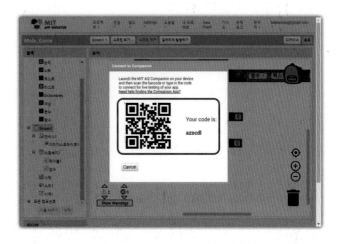

40 스마트폰에서 [MIT AI2 Companion] 또는 [App Inventor] 앱을 실행하고 [scan QR code]를 터치해 PC의 QR코드를 인식합니다. 앱이 실행되면 게임 진행과 점수가 정상적으로 누적되는지 확인합니다.

41 중간 점검으로 확인한 게임에서 부족한 부분을 보완해 보겠습니다. 일정 시간동안만 게임이 진행되도록 하는 기능과 게임 시간이 표시되도록 하는 기능, 게임 시간이 끝나면 두더지가 나오지 않도록 하는 기능을 추가해 보겠습니다. [디자이너]를 클릭합니다.

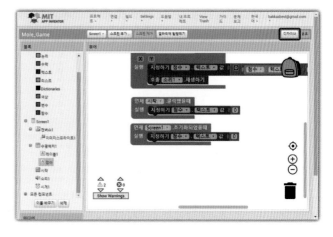

42 팔레트 창 [사용자 인터페이스]를 클릭 후 [레이블]을 뷰어 창 점수 레이블 오른쪽에 두 번 드래그&드롭합니다.

43 컴포넌트 창의 [레이블2]를 클릭 후 속성 창 텍스트 항목을 [시간 :]으로 설정합니다.

44 컴포넌트 창의 [레이블3]을 클릭 후 [이름 바꾸기]를 클릭합니다. 컴포넌트 이름 바꾸기 창이 나오면 새 이름을 [시간]으로 입력 후 [확인]을 클릭합니다.

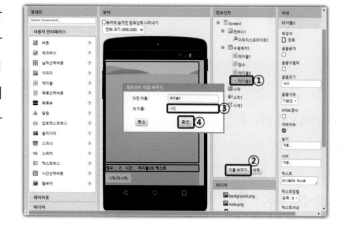

45 컴포넌트 창의 [시간]을 클릭 후 속성 창 텍스트를 [0]으로 설정합니다.

46 게임 시간 계산에 필요한 컴포넌트를 추가하겠습니다. 팔레트 창 [센서]를 클릭 후 [시계]를 뷰어 창으로 드래그&드롭합니다.

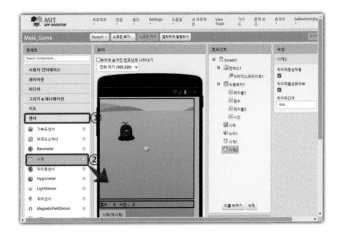

47 필요한 컴포넌트와 속성 설정이 완료되었습니다. [블록]을 클릭합니다.

48 블록 창의 [시간]을 클릭 후 [지정하기 시간.텍스트 값]을 뷰어 창 '언제 시작.클릭했을때 실행'안으로 드래그&드롭합니다.

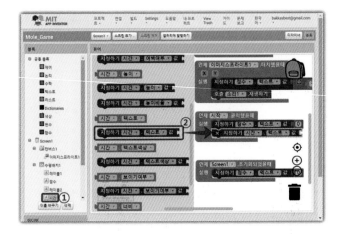

49 블록 창의 **[수학]**을 클릭 후 **[0]** 블록을 뷰어 창 '지정하기 시간.텍스트 값' 블록에 연결합니다.

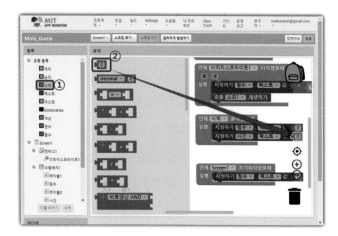

50 뷰어 창 **[지정하기 시간.텍스트 값]** 블록에서 마우스 오른쪽 버튼을 클릭해 **[복제하기]**를 클릭합니다.

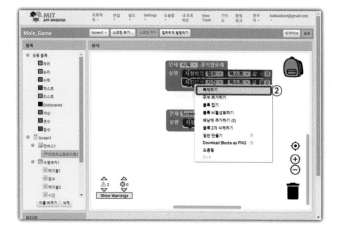

51 복제된 블록을 **[언제 Screen1. 초기화되었을때 실행]** 블록 안으로 드래그&드롭합니다.

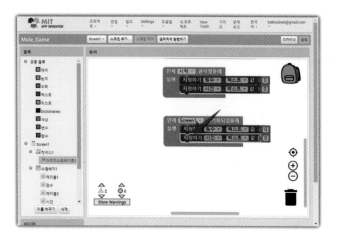

52 시계 컴포넌트를 이용해 지정된 시간 동안만 게임을 할 수 있도록 설정해 보겠습니다. 블록 창의 **[시계2]**를 클릭 후 **[언제 시계2.클릭했을때 실행]** 블록을 뷰어 창으로 드래그&드롭합니다. **[시간]**을 클릭 후 **[지정하기 시간.텍스트 값]**을 뷰어 창 '언제 시계2.타이머가작동할때 실행' 안으로 드래그&드롭합니다.

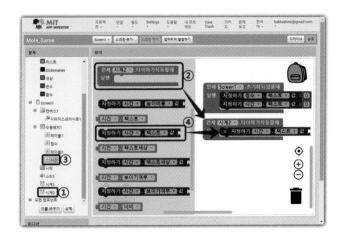

53 블록 창의 **[수학]**을 클릭 후 **[□ + □]**를 뷰어 창 '지정하기 시간.텍스트 값' 블록에 연결합니다.

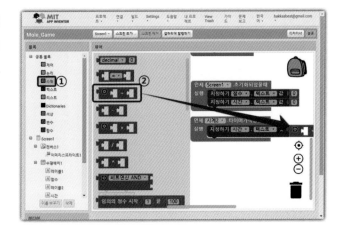

54 블록 창의 **[시간]**을 클릭 후 **[시간.텍스트]**를 뷰어 창 '□ + □' 블록 첫 번째 □에 드래그&드롭합니다.

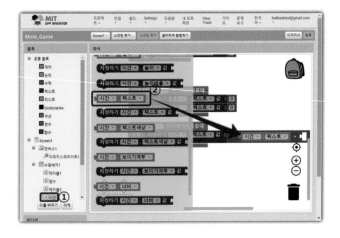

148

55 블록 창의 [수학]을 클릭 후 [0] 블록을 뷰어 창 '□ + □' 블록 두 번째 □에 드래그&드롭합니다. 드래그&드롭한 블록의 값을 [1]로 변경합니다.

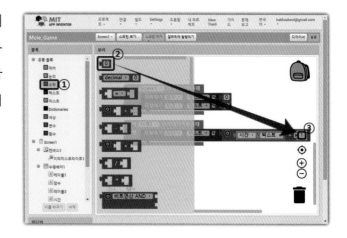

56 게임은 시작 후 20초 동안만 진행되고 20초가 지나면 두더지가 화면에서 보이지 않게 설정 하겠습니다. 블록 창의 [제어]를 클릭 후 [만약 이라면 실행]을 뷰어 창 '언제 시계2.타이머가작동할때 실행' 블록안으로 드래그&드롭합니다.

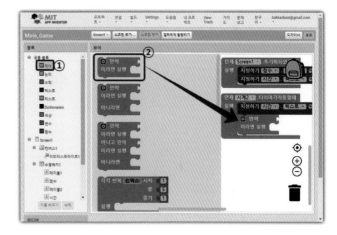

57 블록 창의 [수학]을 클릭 후 [□ = □]를 뷰어 창 '만약'에 연결합니다. 연결한 블록의 비교 연산자를 [≥]로 설정합니다.

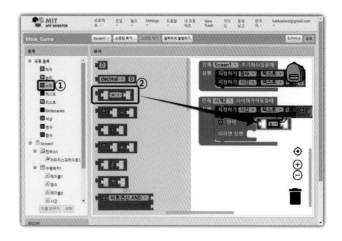

58 블록 창의 **[시간]**을 클릭 후 **[시간.텍스트]**를 뷰어 창 '□ ≥ □' 블록 첫 번째 □에 드래그&드롭합니다.

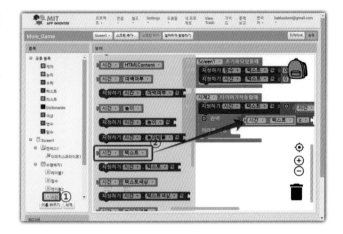

59 블록 창의 **[수학]**을 클릭 후 **[0]**을 뷰어 창 '□ ≥ □' 블록 두 번째 □에 드래그&드롭합니다. 드래그&드롭한 블록의 값을 **[20]**으로 변경합니다.

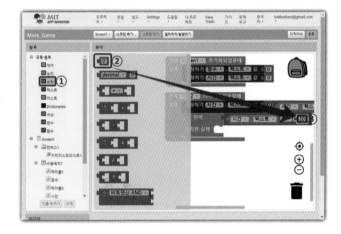

60 블록 창의 **[이미지스프라이트1]**을 클릭 후 **[지정하기 이미지스프라이트1.활성화 값]**을 뷰어 창 '만약 이라면 실행' 블록 안으로 드래그&드롭합니다.

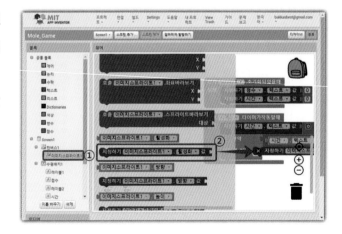

61 블록 창의 [논리]를 클릭 후 [거짓]을 뷰어 창 '지정하기 이미지스프라이트1.활성화 값' 블록에 연결합니다.

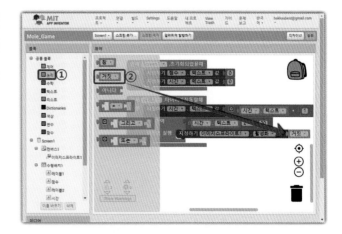

62 블록 창의 [이미지스프라이트1]을 클릭 후 [지정하기 이미지스프라이트1.보이기여부 값]을 뷰어 창 '만약 이라면 실행' 블록 안으로 드래그&드롭합니다.

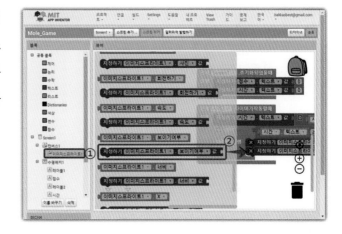

63 블록 창의 [논리]를 클릭 후 [거짓]을 뷰어 창 '지정하기 이미지스프라이트1.보이기여부 값' 블록에 연결합니다.

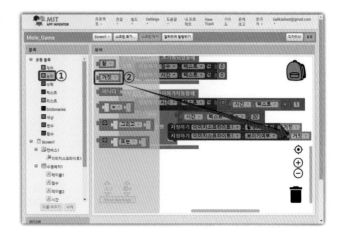

64 게임 중에만 두더지가 화면에 나타나고, 게임이 끝나거나 진행중이 아닐 때에는 두더지가 보이지 않도록 설정하겠습니다. 뷰어 창 **[지정하기 이미지스프라이트1.활성화 값]** 블록에서 마우스 오른쪽 버튼을 눌러 **[복제하기]**를 클릭합니다.

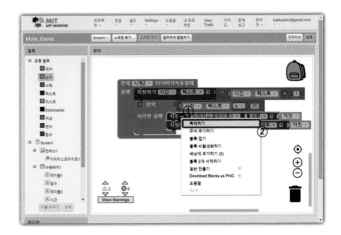

65 복제된 블록을 **[언제 Screen1.초기화되었을때 실행]** 블록 안으로 드래그&드롭합니다. '만약 이라면 실행' 블록 내의 **[지정하기 이미지스프라이트1.보이기여부 값]** 블록에서 마우스 오른쪽 버튼을 눌러 **[복제하기]**를 클릭합니다.

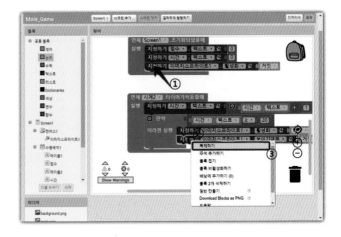

66 복제된 블록을 **[언제 Screen1.초기화되었을때 실행]** 블록 안으로 드래그&드롭합니다. 복제된 두 블록에 연결된 **[거짓]**을 클릭해 모두 **[참]**으로 변경합니다.

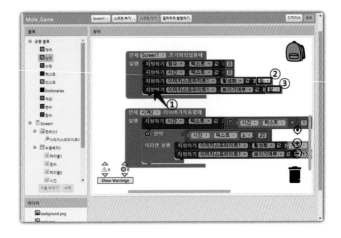

67 복제된 두 블록을 다시 복제합니다. 복제된 두 블록을 **[언제 시작.클릭했을때]** 안으로 드래그&드롭합니다.

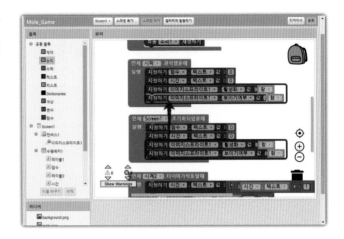

68 게임이 끝나면 타이머2도 더 이상 시간이 체크(증가) 되지 않고, 게임이 시작되면 다시 시간이 체크되도록 설정해 보겠습니다. 블록 창의 **[시계2]**를 클릭 후 **[지정하기 시계2.타이머활성화여부 값]** 블록을 뷰어 창 '만약 이라면 실행' 안으로 드래그&드롭합니다.

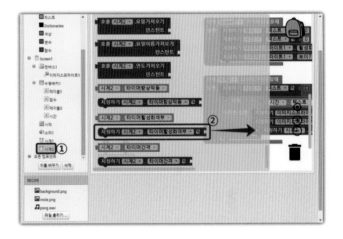

69 블록 창의 **[논리]**를 클릭 후 **[거짓]**을 뷰어 창 '지정하기 시계2.타이머활성화여부 값' 블록에 연결합니다.

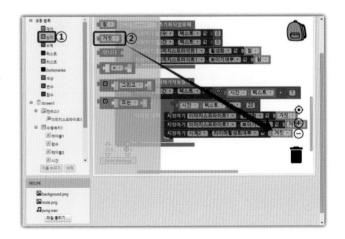

70 '만약 이라면 실행' 블록 내의 **[지정하기 시계2.타이머활성화 여부 값]** 블록에서 마우스 오른쪽 버튼을 눌러 **[복제하기]**를 클릭합니다.

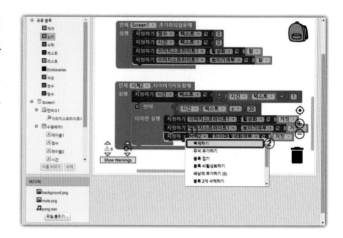

71 복제된 블록을 뷰어 창 **[언제 Screen1.초기화되었을때 실행]** 블록 안으로 드래그&드롭합니다. 복제된 블록의 **[거짓]**을 클릭해 **[참]**으로 변경합니다.

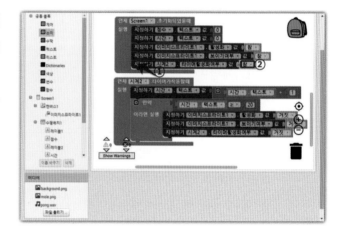

72 '언제 Screen1.초기화되었을때' 블록 안으로 복제한 블록을 다시 복제합니다. 복제된 블록을 **[언제 시작.클릭했을때]** 안으로 드래그&드롭합니다.

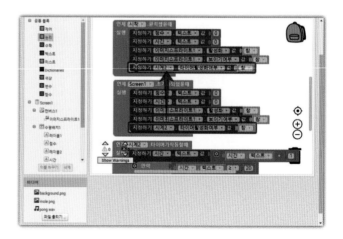

73 블록 구성이 완료되었습니다. 앱 테스트를 위해 **[빌드]-[Android App (.apk)]**를 클릭합니다. 아이폰 사용자는 **[연결]-[AI 컴패니언]**을 이용합니다.

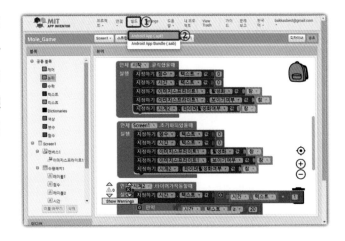

74 앱 빌드 작업이 진행됩니다. 앱 빌드가 완료되면 QR코드가 표시됩니다. PC 작업이 완료되었습니다.

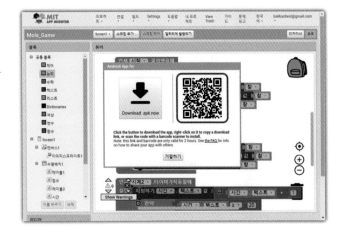

75 스마트폰에서 **[MIT AI2 Companion]** 또는 **[App Inventor]** 앱을 이용해 제작 앱을 설치하거나 실행합니다. 설치가 완료되면 **[두더지잡기]**를 터치해 실행합니다. 시간과 점수가 정상 동작 하는지 확인합니다. 게임 시간 20초가 지나면 두더지가 보이지 않고 게임이 종료됩니다.

2.11 나만의 인터넷 웹브라우저 만들기

스마트폰을 이용해 인터넷을 자주 이용할 것입니다. 개인마다 자주 이용하는 사이트는 다를 수 있습니다. 내가 자주 이용하는 사이트를 등록해, 터치 한 번으로 쉽게 접속할 수 있도록 나만의 인터넷 웹브라우저를 만들어 보겠습니다.

01 새로운 프로젝트를 만들기 위해 [프로젝트]-[새 프로젝트 시작하기]를 클릭합니다.

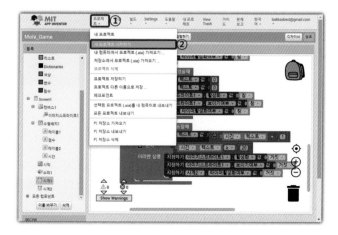

02 프로젝트 이름을 입력하는 창이 나오면 [MyWebBrowser]를 입력 후 [확인]을 클릭합니다.

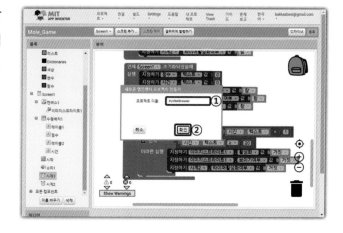

03 컴포넌트 창의 [Screen1]을 클릭 후 속성 창에서 수평정렬 [가운데 : 3], 앱이름 [지니인터넷], 아이콘 [internet.png], 제목보이기 [체크해제]로 설정합니다.

04 여러 개의 컴포넌트를 옆으로 배치하기 위해 팔레트 창 **[레이아웃]** 그룹을 클릭 후 **[수평배치]**를 뷰어 창으로 드래그&드롭합니다.

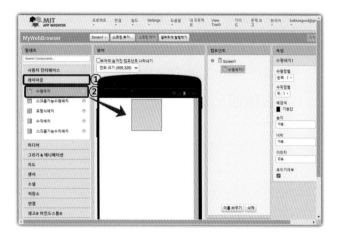

05 속성 창에서 배경색 **[없음]**, 너비 **[부모 요소에 맞추기]**로 설정합니다.

06 팔레트 창 **[사용자 인터페이스]** 그룹을 클릭 후 **[텍스트박스]**를 뷰어 창 수평배치 안으로 드래그&드롭합니다.

07 컴포넌트 창의 [텍스트박스1]을 클릭 후 [이름 바꾸기]를 클릭합니다. 새 이름에 [주소]를 입력 후 [확인]을 클릭합니다.

08 속성 창에서 높이 [40 픽셀], 너비 [40 퍼센트], 힌트 [ ]로 설정합니다.

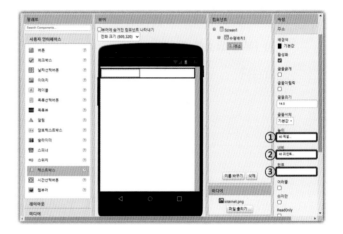

09 팔레트 창 사용자 인터페이스 그룹의 [버튼]을 뷰어 창 텍스트박스 오른쪽에 드래그&드롭합니다.

10 컴포넌트 창의 [버튼1]을 클릭 후 [이름 바꾸기]를 클릭합니다. 새 이름에 [접속]을 입력 후 [확인]을 클릭합니다.

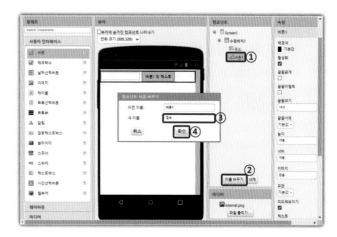

11 속성 창에서 높이 [40 픽셀], 이미지 [go.png], 텍스트 [ ]로 설정합니다.

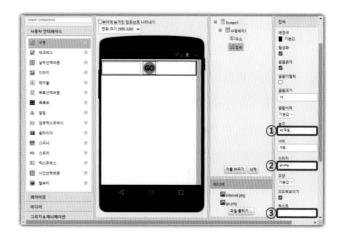

12 팔레트 창 [사용자 인터페이스] 그룹의 [버튼]을 뷰어 창 접속 버튼 오른쪽으로 드래그&드롭합니다.

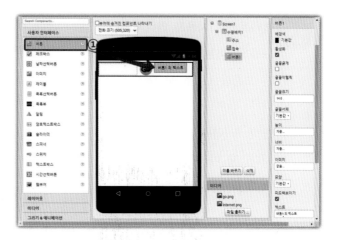

13 컴포넌트 창의 [버튼1]을 클릭 후 [이름 바꾸기]를 클릭합니다. 새 이름에 [네이버]를 입력 후 [확인]을 클릭합니다.

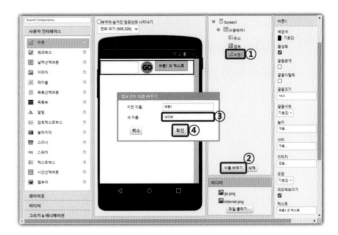

14 속성 창에서 높이 [40 픽셀], 텍스트 [N]으로 설정합니다. 버튼의 텍스트를 한 글자로 설정한 이유는 화면에 더 많은 버튼을 만들기 위해서 입니다. 목록선택버튼 컴포넌트를 사용하면 좀 더 많은 사이트를 등록할 수 있으나 코드 블록이 복잡해져 이번 프로젝트에서는 간략하게 구성해 보겠습니다.

15 팔레트 창 [사용자 인터페이스] 그룹의 [버튼]을 뷰어 창 N 버튼 오른쪽으로 드래그&드롭합니다. 컴포넌트 창의 [버튼1]을 클릭 후 [이름 바꾸기]를 클릭합니다. 새 이름에 [유튜브]를 입력 후 [확인]을 클릭합니다.

160

16 속성 창에서 높이 [40 픽셀], 텍스트 [Y]로 설정합니다.

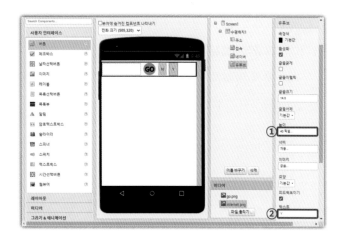

17 팔레트 창 사용자 인터페이스 그룹의 [버튼]을 뷰어 창 Y 버튼 오른쪽으로 드래그&드롭합니다. 컴포넌트 창의 [버튼1]을 클릭 후 [이름 바꾸기]를 클릭합니다. 새 이름에 [신문]을 입력후 [확인]을 클릭합니다.

18 속성 창에서 높이 [40 픽셀], 텍스트 [NP]로 설정합니다.

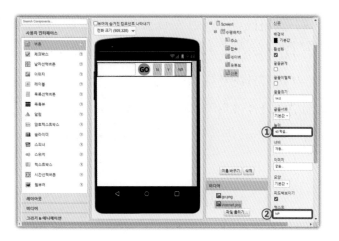

19 팔레트 창 사용자 인터페이스 그룹의 [웹뷰어]를 뷰어 창 수평 배치 아래로 드래그&드롭합니다.

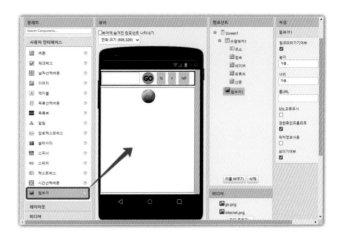

20 속성 창에서 높이 [부모 요소에 맞추기], 너비 [부모 요소에 맞추기], 홈URL [http://naver.com]으로 설정합니다.

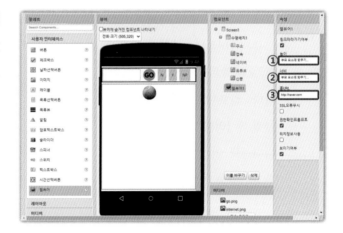

21 화면 디자인이 완료되었습니다. 기능 구현을 위해 [블록]을 클릭합니다.

22 먼저 주소를 입력해 원하는 사이트에 접속할 수 있도록 해보겠습니다. 블록 창 [접속]을 클릭 후 [언제 접속.클릭했을때 실행] 블록을 뷰어 창으로 드래그&드롭합니다.

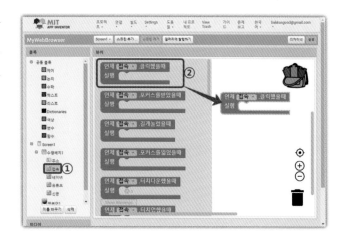

23 블록 창에서 [웹뷰어1]을 클릭 후 [호출 웹뷰어1.URL로이동하기] 블록을 뷰어 창 '언제 접속.클릭했을때 실행' 블록 안으로 드래그&드롭합니다.

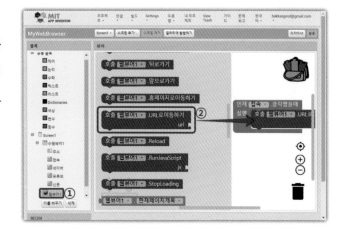

24 블록 창에서 [텍스트]를 클릭 후 [합치기] 블록을 뷰어 창 '호출 웹뷰어1.URL로이동하기' 블록에 연결합니다.

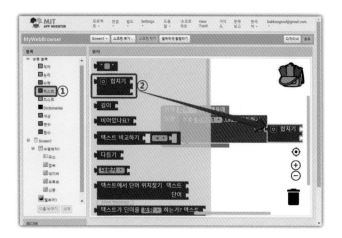

25 블록 창에서 [텍스트]를 클릭 후 [' '] 블록을 뷰어 창 [합치기] 블록 첫 번째 커넥터에 연결합니다.

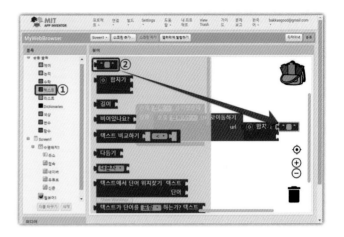

26 드래그한 블록을 클릭해 [http://]를 입력합니다.

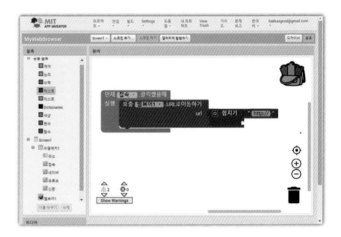

27 블록 창에서 [주소]를 클릭 후 [주소.텍스트] 블록을 뷰어 창 [합치기] 블록 두 번째 커넥터에 연결합니다.

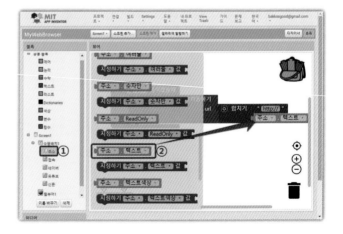

28 블록 창에서 [네이버]를 클릭 후 [언제 네이버.클릭했을때] 블록을 뷰어 창으로 드래그&드롭합니다.

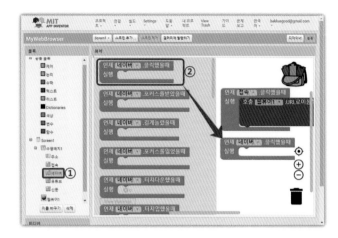

29 블록 창에서 [웹뷰어1]을 클릭 후 [호출 웹뷰어1.URL로이동하기] 블록을 뷰어 창 '언제 네이버.클릭했을때 실행' 블록 안으로 드래그&드롭합니다.

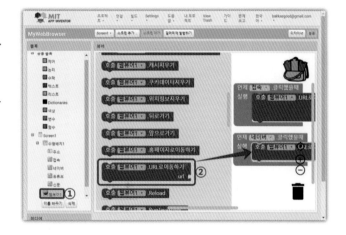

30 블록 창에서 [텍스트]를 클릭 후 [' '] 블록을 뷰어 창 '호출 웹뷰어1.URL로이동하기' 블록에 연결합니다.

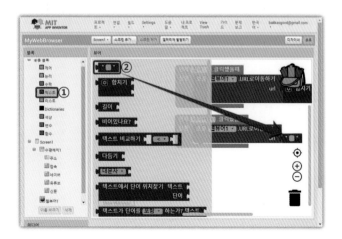

31 드래그한 블록을 클릭해 [http://naver.com]을 입력합니다.

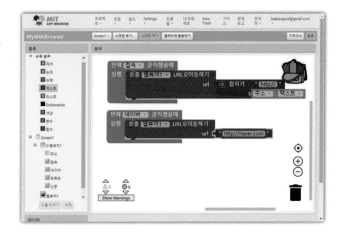

32 뷰어 창 [언제 네이버.클릭했을때 실행] 블록에서 마우스 오른쪽 버튼을 클릭해 [복제하기]를 클릭합니다.

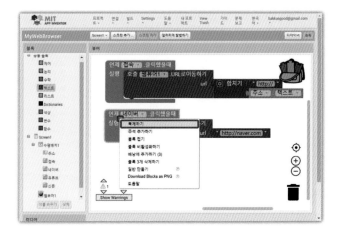

33 [언제 네이버.클릭했을때 실행] 블록에서 마우스 오른쪽 버튼을 클릭해 [복제하기]를 한번 더 클릭합니다.

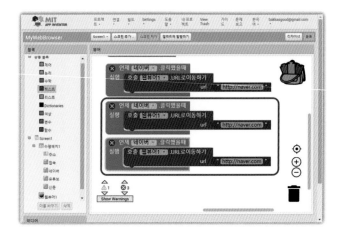

34 복제된 첫 번째 '언제 네이버.클릭했을때 실행' 블록에서 [네이버]를 클릭해 [유튜브]로 변경합니다.

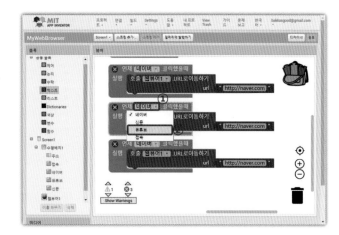

35 '언제 유튜브.클릭했을때' 블록 안의 텍스트 블록을 클릭해 [http://youtube.com]으로 수정합니다.

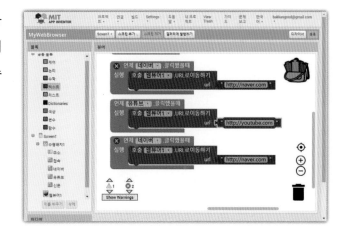

36 복제된 두 번째 '언제 네이버.클릭했을때 실행' 블록에서 [네이버]를 클릭해 [신문]으로 변경합니다. '언제 신문.클릭했을때' 블록 안의 텍스트 블록을 클릭해 [http://newspaper.co.kr]로 수정합니다.

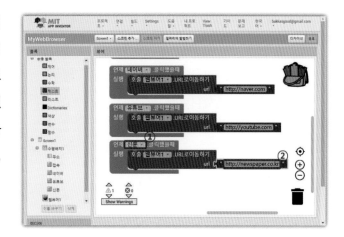

37 이번에는 주소가 포함된 수평 배치 레이아웃을 웹사이트에 접속되면 숨기고, 스마트폰 뒤로 버튼을 누르면 다시 나타나도록 설정해 보겠습니다. 블록 창에서 **[웹뷰어1]**을 클릭 후 **[언제 웹뷰어1.PageLoaded 실행]** 블록을 뷰어 창으로 드래그&드롭합니다.

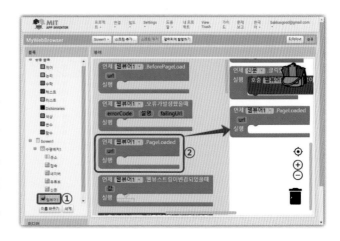

38 블록 창에서 **[수평배치1]**을 클릭 후 **[지정하기 수평배치1.보이기여부 값]** 블록을 뷰어 창 '언제 웹뷰어1.PageLoaded 실행' 블록 안으로 드래그&드롭합니다.

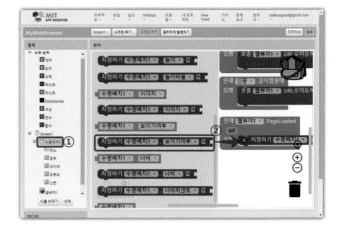

39 블록 창에서 **[논리]**를 클릭 후 **[거짓]** 블록을 뷰어 창 '지정하기 수평배치1.보이기여부 값' 블록에 연결합니다.

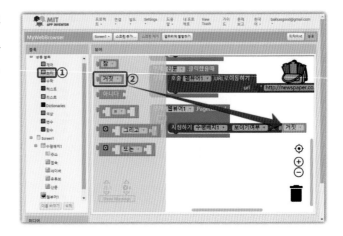

168

40 블록 창에서 [Screen1]을 클릭
후 [언제 Screen1.뒤로가기버튼
을눌렀을때 실행] 블록을 뷰어
창으로 드래그&드롭합니다.

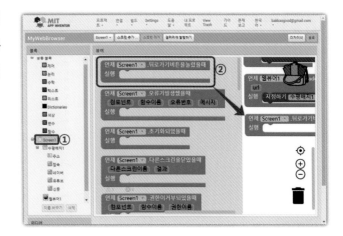

41 뷰어 창 [지정하기 수평배치1.보
이기여부 값] 블록에서 마우스
오른쪽 버튼을 클릭 후 [복제하
기]를 클릭합니다.

42 복제된 블록을 '언제 Screen1.
뒤로가기버튼을눌렀을때 실행'
블록 안으로 드래그&드롭합니
다. 복제된 블록에 연결된 논리
블록을 [참]으로 변경합니다.

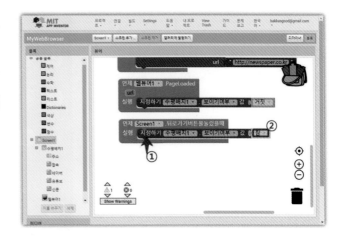

43 블록 구성이 완료되었습니다. 앱 테스트를 위해 **[빌드]**-**[Android App (.apk)]**를 클릭합니다. 아이폰 사용자는 **[연결]**-**[AI 컴패니언]**을 이용합니다.

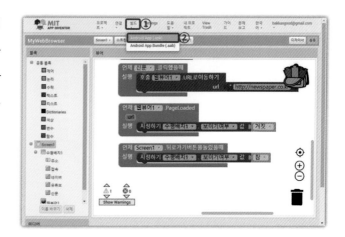

44 앱 빌드 작업이 진행됩니다. 앱 빌드가 완료되면 QR코드가 표시됩니다. PC 작업이 완료되었습니다.

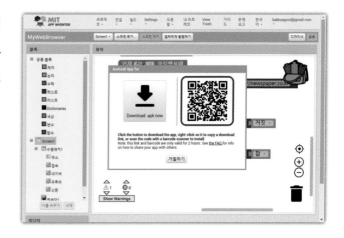

45 스마트폰에서 **[MIT AI2 Companion]** 또는 **[App Inventor]** 앱을 이용해 제작 앱을 설치하거나 실행합니다. 설치가 완료되면 **[지니인터넷]**을 터치해 실행합니다. 상단 주소와 인터넷 접속 버튼을 보려면 스마트폰의 **[뒤로]**를 터치합니다.

46 주소 창이 나오면 [Y]를 터치
해 유튜브 접속이 되는지 확인
합니다. 인터넷 주소를 입력 후
[GO]를 터치해 입력한 사이트
가 접속되는지 확인합니다.

추가해 보세요~

? 주소를 입력 후 사이트에 접속되어도 키보드가 사라지지 않고 계속 화면
에 나타나 있습니다. 사이트 주소를 입력 후 [GO] 버튼을 누르면 키보드
가 사라질 수 있도록 구현해 보세요. 그리고 웹 브라우저의 뒤로 버튼 컴
포넌트를 추가하고 기능이 동작하도록 구현해 보세요.

! 접속할 사이트 주소를 입력 후 [GO]를 누르면 키보드가 사라지도록 구현
하려면 [Screen1] 컴포넌트 블록 내 [호출 Screen1.키보드화면숨기기] 블
록을 이용하면 됩니다.
디자이너 화면에서 버튼을 추가하고 해당 버튼의 동작 블록은 아래와 같
이 구현하면 됩니다.

2.12 검색왕 앱 만들기

스마트폰으로 검색을 자주한다면 네이버, 구글, 다음 등의 사이트에서 쉽고 편리하게 검색을 할수 있도록 앱을 만들어 보겠습니다. 검색어를 한번 입력한 상태에서 [네이버]를 터치하면 네이버검색 결과를 볼 수 있고, [구글]을 터치하면 구글 검색 결과를 볼 수 있는 앱을 만들어 보겠습니다. 가격 비교 사이트도 추가해 가격 비교 기능도 할 수 있도록 구성해 보겠습니다.

01 기존 웹 브라우저 프로젝트와 디자인이 유사해 웹 브라우저 프로젝트를 복사해 프로젝트를 진행해 보겠습니다. [MyWebBrowser] 앱을 연 후 [프로젝트]-[프로젝트 다른 이름으로 저장]을 클릭합니다.

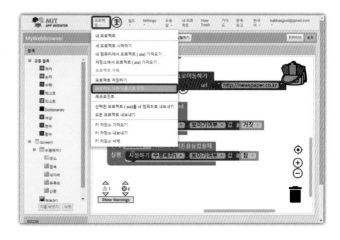

02 다른 이름으로 저장 창이 나오면 [SearchKing]을 입력 후 [확인]을 클릭합니다.

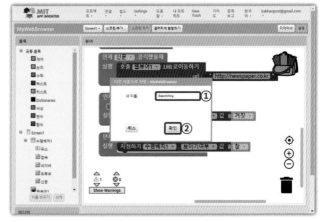

03 컴포넌트 창의 [Screen1]을 클릭 후 속성 창에서 앱이름 [검색왕], 아이콘 [i_king.png]로 설정합니다.

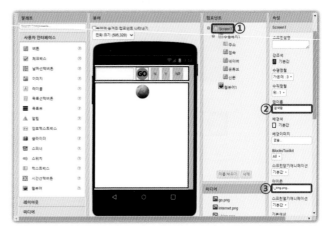

172

04 배치한 컴포넌트의 이름과 속성을 검색왕 프로젝트에 맞게 수정해 보겠습니다. 컴포넌트 창에서 **[접속]**을 클릭 후 **[이름 바꾸기]**를 클릭합니다. 이름 바꾸기 창이 나오면 새 이름에 **[구글]**을 입력 후 **[확인]**을 클릭합니다.

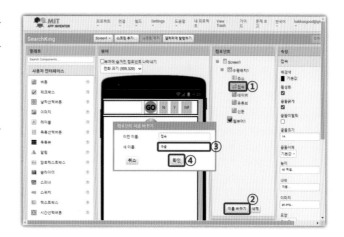

05 속성 창에서 이미지 **[없음]**, 텍스트 **[G]**로 설정합니다.

06 컴포넌트 창에서 **[유튜브]**를 클릭 후 **[이름 바꾸기]**를 클릭합니다. 이름 바꾸기 창이 나오면 새 이름에 **[네이버쇼핑]**을 입력 후 **[확인]**을 클릭합니다.

173

07 속성 창에서 텍스트를 [NS]로 설정합니다.

08 컴포넌트 창에서 [신문]을 클릭 후 [이름 바꾸기]를 클릭합니다. 이름 바꾸기 창이 나오면 새 이름에 [에누리]를 입력 후 [확인]을 클릭합니다.

09 속성 창에서 텍스트를 [EN]으로 설정합니다.

10 화면 디자인이 완료되었습니다. 블록 코딩을 위해 오른쪽 상단 **[블록]**을 클릭합니다.

11 뷰어 창에서 **[언제 네이버.클릭했을때 실행]** 블록을 제거하기 위해 휴지통으로 드래그&드롭합니다. 휴지통 덮개가 열리는 상태일때 마우스 버튼을 놓아야 삭제가 가능합니다.

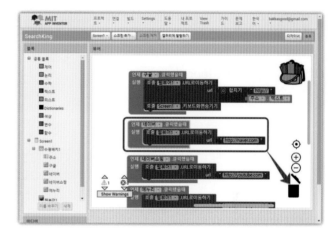

12 삭제 확인 메시지 창이 나오면 **[삭제]**를 클릭합니다.

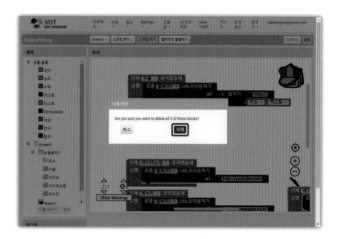

13 같은 방법으로 '언제 구글.클릭했을때 실행' 블록을 제외한 모든 블록을 휴지통으로 드래그&드롭해 삭제합니다.

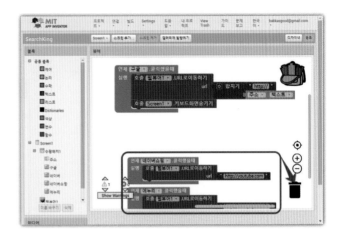

14 구글 검색 주소를 복사하기 위해 웹 브라우저를 실행하고 구글 사이트 [google.com]에 접속합니다. 검색어를 [AAAA]로 입력하고 검색합니다. 검색 결과 화면에서 상단 주소 중 주소 시작 위치부터 검색어 바로 앞 부분까지 블럭 설정합니다. 마우스 오른쪽 버튼을 클릭 후 [복사]를 클릭합니다.

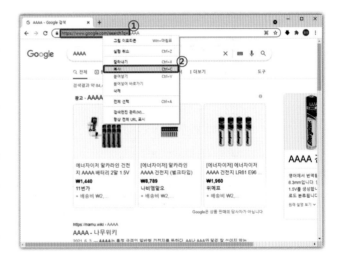

15 앱 인벤터 창으로 돌아와 합치기 첫 번째에 연결된 블록을 클릭 후 마우스 오른쪽 버튼을 눌러 [붙여넣기]를 선택합니다.

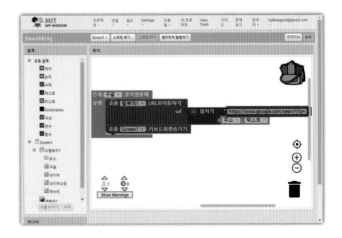

16 블록을 복제해 사용해 보겠습니다. **[언제 구글.클릭했을때 실행]** 블록에서 마우스 오른쪽 버튼을 클릭 후 **[복제하기]**를 클릭합니다.

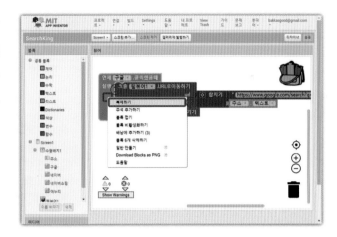

17 **[복제하기]**를 두 번 더 실행해 총 3개의 복제된 블록 그룹을 화면과 같이 배치합니다.

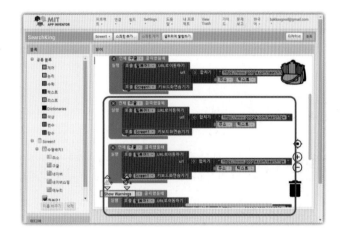

18 복제된 블록 중 첫 번째 블록의 **[구글]**을 클릭 후 **[네이버]**로 선택합니다.

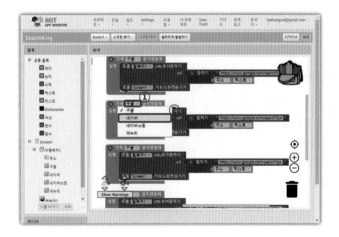

19 네이버 검색 주소를 복사하기 위해 웹 브라우저를 실행하고 [naver.com]에 접속합니다. 검색어를 [ABCD]로 입력하고 검색합니다. 검색 결과 화면에서 상단 주소 중 주소 시작 위치부터 검색어 바로 앞 부분까지 블럭 설정합니다. 마우스 오른쪽 버튼을 클릭 후 [복사]를 클릭합니다.

20 앱 인벤터 창으로 돌아와 '언제 네이버.클릭했을때 실행' 블록 안의 합치기 블록에 연결된 첫 번째 블록을 클릭합니다. 마우스 오른쪽 버튼을 눌러 [붙여넣기]를 클릭합니다.

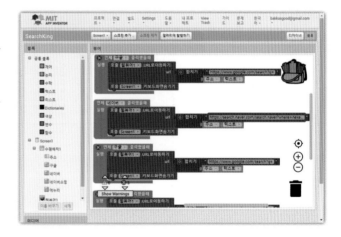

21 네이버 쇼핑 검색 주소를 복사하기 위해 웹 브라우저를 실행하고 [shopping.naver.com]에 접속합니다. 검색어를 [aaaa]로 입력하고 검색합니다. 검색 결과 화면에서 상단 주소 중 주소 시작 위치부터 검색어 바로 앞 부분까지 블럭 설정합니다. 마우스 오른쪽 버튼을 클릭 후 [복사]를 클릭합니다.

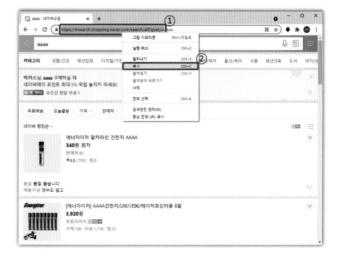

22 복제된 블록 중 두 번째 블록의 [구글]을 클릭 후 [네이버쇼핑]을 선택합니다. 합치기 블록에 연결된 첫 번째 블록을 클릭 후 마우스 오른쪽 버튼을 눌러 [붙여넣기]를 선택합니다.

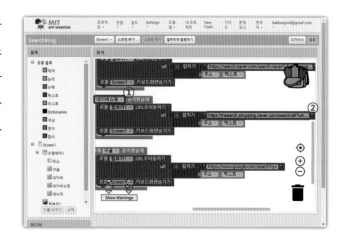

23 에누리 쇼핑 검색 주소를 복사하기 위해 웹 브라우저를 실행하고 [enuri.com]에 접속합니다. 검색어를 [ABCD]로 입력하고 검색합니다. 검색 결과 화면에서 상단 주소 중 주소 시작 위치부터 검색어 바로 앞 부분까지 블럭 설정합니다. 마우스 오른쪽 버튼을 클릭 후 [복사]를 클릭합니다.

24 복제된 블록 중 세 번째 블록의 [구글]을 클릭 후 [에누리]를 선택합니다. 합치기 블록에 연결된 첫 번째 블록을 클릭 후 마우스 오른쪽 버튼을 눌러 [붙여넣기]를 선택합니다.

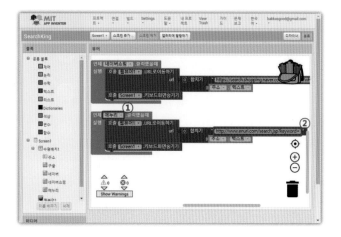

25 블록 구성이 완료되었습니다. 앱 테스트를 위해 **[빌드]**-**[Android App (.apk)]**를 클릭합니다. 아이폰 사용자는 **[연결]**-**[AI 컴패니언]**을 이용합니다.

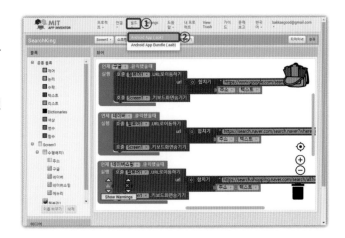

26 앱 빌드 작업이 진행됩니다. 앱 빌드가 완료되면 QR코드가 표시됩니다. PC 작업이 완료되었습니다.

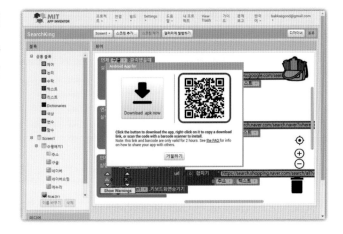

27 스마트폰에서 [MIT AI2 Companion] 또는 [App Inventor] 앱을 이용해 제작 앱을 설치하거나 실행합니다. 설치가 완료되면 **[검색왕]**을 터치해 실행합니다. 상단 검색 창을 터치합니다.

28 검색 창에 [인공지능 기술]을 입력 후 [G]를 터치합니다. 구글 검색 결과를 확인할 수 있습니다. [N]을 터치합니다. 네이버 검색 결과를 확인할 수 있습니다.

29 검색 창에 [닭갈비]를 입력 후 [NS]를 터치합니다. 네이버 쇼핑 검색 결과를 확인할 수 있습니다. [EN]을 터치합니다. 에누리 검색 결과를 확인할 수 있습니다.

 추가해 보세요~

? 유튜브 검색 기능을 추가해 보세요.

! 유튜브 검색 기능을 구현하려면 디자이너 화면에서 버튼을 추가하고 해당 버튼의 동작 블록은 아래와 같이 구현하면 됩니다.
유튜브 검색 주소 : https://www.youtube.com/results?search_query=

Memo

03

사물인터넷 앱 만들기

1.1 센서의 이해

센서(Sensor)는 자연계에 존재하는 물리량 또는 대상물의 정보(온도, 압력, 습도, 거리)를 측정해 전기신호 (2.7V, 0.3V)로 바꾸는 장치(전자부품)입니다. 센서는 인간이 보고 듣고 하는 오감을 기계적, 전자적으로 만든 모든 것을 말합니다.

센서에서 처리 기능(CPU 또는 사람의 두뇌)를 추가해 상태를 판정하는 것은 감지(perceive)라고 합니다. 즉 감지한다는 것은 검출한 뒤 일정한 처리(processing)를 동반한 것을 의미합니다. 컵에 담긴 물의 온도를 센서로 검출하면 온도를 '차갑다' 또는 '따뜻하다' 라고 느끼는 상황을 감지할 수 있으며, 온도에 따라 다른 동작을 할 수 있도록 구현할 수 있습니다.

<여러가지 센서를 탑재한 자율주행 자동차>

센서는 온도와 습도를 측정하는 센서, 빛의 밝기를 측정하는 조도 센서, 소리의 크기를 측정하는 사운드 센서, 수위나 수질을 측정하는 센서, 자력을 감지하는 마그네틱 센서, 인체를 감지하는 PIR 센서, 지진을 감지하는 진동 센서, 화재를 감지하는 불꽃 센서, 다양한 가스 누출을 감지하는 가스 센서, 공기 질을 측정하는 미세먼지 센서, 레이저 펄스를이용해 거리 등을 측정 및 주변을 정밀하게 그려내는 라이다 센서 등이 우리의 일상에서 다양하게 사용되고 있습니다.

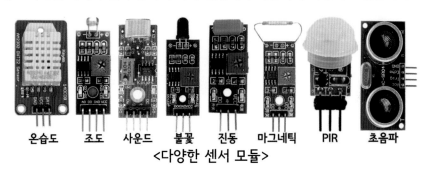

| 온습도 | 조도 | 사운드 | 불꽃 | 진동 | 마그네틱 | PIR | 초음파 |

<다양한 센서 모듈>

1.2 스마트폰 센서의 종류 알아보기

1) 가속(가속도) 센서

가속 센서는 스마트폰의 움직임을 감지하고 보통 자이로 센서와 함께 사용합니다. X, Y, Z로 좌표를 만들고 이 좌표의 움직이는 속도를 측정할 때 사용하는 모션 센서 중 하나입니다. 가속 센서는 주로 움직이는 물체 또는 스마트폰의 움직이는 속도를 측정할 때 많이 사용합니다.

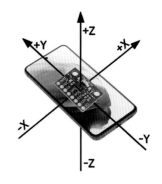

2) 자이로 센서(Gyro Sensor)

자이로 센서는 가속 센서와 함께 대표적인 모션 센서입니다. X, Y, Z 좌표에서 움직이는 방향을 측정할 때 사용합니다. 스마트폰으로 레이싱 게임을 할 때 스마트폰을 기울이면 기울인 방향으로 자동차가 방향을 바꾸는 것도 자이로 센서를 이용한 것입니다. 또한 드론이 공중에서 한쪽으로 기울지 않고 수평을 유지하며 떠 있는 기술도 자이로 센서를 이용해 기울어지는 방향의 모터를 조금 더 회전시켜 수평을 유지할 수 있는 것입니다.

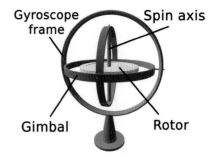

3) 근접(Proximity) 센서

근접 센서는 어떤 물체가 센서에 근접했는지 알 수 있게 해줍니다. 보통 스마트폰의 앞면에 있으며 통화용 스피커 옆에 있는 것이 일반적입니다. 이 센서가 있어야 통화 중일 때 스마트폰 화면이 자동으로 꺼지는 기능을 구현할 수 있습니다.

4) RGB 센서

RGB 센서는 주변 빛의 색 농도를 검출하는 기능을 합니다. RGB 센서가 있는 스마트폰은 주변 빛 농도에 따라 디스플레이 색을 보정할 수 있습니다. 예를 들어 노란색 등이 있는 곳에서 스마트폰을 사용하면 이에 대응해서 노란색을 낮추고 파란색과 녹색을 더 밝게 해서 자연스러운 화면 색을 구현하게 됩니다.

5) 밝기(Light) 센서

조도 센서라고도 하며 주변 빛의 밝기를 감지합니다. 이 센서는 주로 디스플레이의 밝기를 자동으로 조절할 때 사용합니다. 주변의 밝기를 체크해 주변이 어두우면 디스플레이 밝기를 덜 밝게, 한 낮 태양 빛 아래에서는 디스플레이를 더 밝게 설정해 화면이 잘 보이도록 합니다.

6) 홀(Hall) 센서

자기장의 세기를 감지할 때 사용하는 센서입니다. 스마트폰에서는 홀 센서를 이용해 플립 커버의 닫힘 유무를 확인할 때 사용할 수 있습니다. 또한 스마트폰을 끼워서 사용하는 VR 기기(구글 카드보드 등)에서 선택 역할을 하는 버튼으로 사용하기도 했습니다.

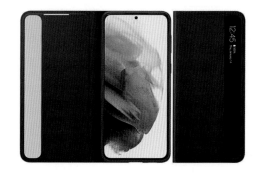

7) 모션(Motion) 센서

물체의 움직임을 인식하는 센서입니다. 모션 인식 센서는 보통 하나의 센서가 아닌 여러 가지의 센서가 복합된 것을 말하며, 지자기 센서, 가속 센서, 기압계 등 움직임이나 위치를 측정할 때 사용합니다. 모션 센서로는 많은 일들을 할 수 있는데, 스마트폰이 꺼져 있을 때 자동으로 켜진다거나, 화면을 보고 있을 때는 화면을 끄지 않고 계속 보여주는 기능 등이 여기에 속합니다.

8) 온도/습도 센서

온도/습도 센서는 단말기 주변의 온도와 습도를 측정하여 보여줍니다. 최근 출시된 스마트폰은 인터넷 연결이 자유로운 환경이라 활용도가 떨어져 대부분 탑재되어있지 않습니다. 갤럭시 S5 등의 일부 구형스마트폰에만 탑재된 센서입니다.

9) 기압계(Barometer) 센서

기압계는 말 그대로 공기의 압력을 감지할 때 사용하는 센서입니다. 일반적인 환경에서는 사용하지 않고 헬스 기능에서 주로 사용하는데, 고도를 측정할 수 있기 때문에 경사나 내리막길도 알 수 있어 더욱 정확한 운동량 체크를 할 수 있습니다.

10) 지자기 센서

지자기 센서는 지구의 자기장을 탐지해 방위를 알 수 있는 센서입니다. 이 센서가 있으면 나침반 앱을 이용해 방위를 정확하게 측정할 수 있습니다.

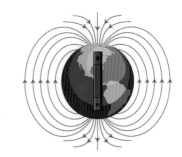

11) 심박수(HeartRate) 센서

단위 시간당 심장박동의 수를 측정하는 센서로 일반적으로 분당 맥의 수(beats per minute, bpm)로 표현됩니다. 심박수는 신체적인 운동이나 잠자는 것처럼, 몸이 산소를 흡수하고 이산화탄소를 배출하는 것 등 생명 활동에 따라 다양하게 측정됩니다. 심박수의 측정은 의료전문가들이 진단과 의학적 상태를 검사하기 위해 사용되기도 하며, 또한 운동선수들이 훈련에서 최대한의 효율을 얻기 위해 심박수를 모니터링 하기도 합니다. 최근 출시된 스마트폰에는 대부분 탑재하고 있으나 일부 스마트폰에는 탑재되어있지 않을 수 있습니다.

12) 지문(Fingerprint) 센서

지문 인식 센서는 말 그대로 사람의 고유한 지문 패턴을 읽을 수 있는 센서입니다. 스마트폰 보안을 위해 사용됩니다. 모토롤라 아트릭스에 처음으로 사용되었고, 갤럭시S5 이상 모델, 아이폰5s 이상 모델에 탑재됐습니다.

13) 위치(GPS) 센서

지구 주위의 다수의 GPS 위성 간의 시간 차이를 계산해 현재의 위치를 확인할 수 있도록 지원하는 센서로 위치기반 서비스인 네비게이션, 지도 등의 서비스에 활용됩니다.

2절 | 센서 활용 앱 만들기

2.1 만보기 앱 만들기

스마트폰의 만보기(Pedometer) 센서를 이용하면 만보기 앱을 만들 수 있습니다. 만보기 앱에 걸음수와 칼로리를 계산해 표시 되도록 구현해 보겠습니다. 칼로리 계산은 일반적으로 칼로리를 계산하는 방법인 30걸음을 기준으로 1칼로리가 소모되는 기준으로 계산하겠습니다. 만보기 앱을 만들어 걷기 및 달리기 등의 운동시 활용할 수 있도록 해보겠습니다.

01 새로운 프로젝트를 만들기 위해 상단 메뉴 중 **[프로젝트]-[새 프로젝트 시작하기]**를 클릭합니다.

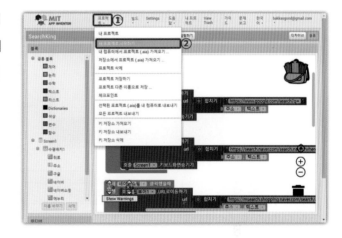

02 프로젝트 이름을 **[Pedometer]**로 입력 후 **[확인]**을 클릭합니다.

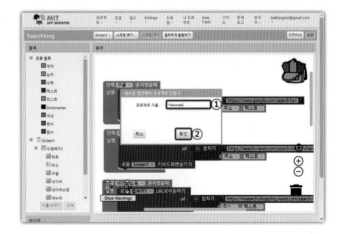

아래 표의 순서대로 팔레트 창에서 컴포넌트를 배치합니다. 배치된 컴포넌트는 컴포넌트 창과 같아야 합니다. 컴포넌트 배치가 완료되면 각 컴포넌트의 속성도 설정합니다.

팔레트	컴포넌트	컴포넌트 이름변경	속성
	Screen1		앱이름 [만보기], 배경이미지 [background1.png], 아이콘 [pedometer_icon.png], 스크린방향 [세로], 제목 [지니만보기]
사용자 인터페이스	레이블		글꼴크기 [20], 텍스트 [-], 텍스트색상 [없음]
레이아웃	수평배치		수평정렬 [가운데], 배경색 [없음], 너비 [부모 요소에 맞추기]
사용자 인터페이스	레이블		글꼴굵게 [체크], 글꼴크기 [20], 텍스트 [걸음수 :], 텍스트색상 [노랑]
사용자 인터페이스	레이블	걸음수	글꼴굵게 [체크], 글꼴크기 [20], 텍스트 [0], 텍스트색상 [노랑]
사용자 인터페이스	레이블		글꼴크기 [20], 텍스트 [-], 텍스트색상 [없음]
레이아웃	수평배치		수평정렬 [가운데], 배경색 [없음], 너비 [부모 요소에 맞추기]
사용자 인터페이스	레이블		글꼴굵게 [체크], 글꼴크기 [20], 텍스트 [칼로리 :], 텍스트색상 [노랑]
사용자 인터페이스	레이블	칼로리	글꼴굵게 [체크], 글꼴크기 [20], 텍스트 [0], 텍스트색상 [노랑]
센서	만보기		글꼴굵게 [체크], 글꼴크기 [20], 텍스트 [0], 텍스트색상 [노랑]

04 컴포넌트 배치와 속성 설정이 완료되면 기능 구현을 위해 [블록]을 클릭합니다.

05 걸음수를 체크하는 블록을 먼저 구현해 보겠습니다. 블록 창의 [만보기1]을 클릭 후 [언제 만보기1.걸음이감지되었을때 실행] 블록을 뷰어 창으로 드래그&드롭합니다.

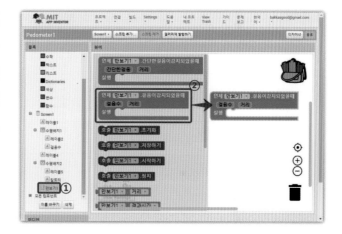

06 블록 창에서 [걸음수]를 클릭후 [지정하기 걸음수.텍스트 값] 블록을 뷰어 창 '언제 만보기1.걸음이감지되었을때 실행' 블록 안으로 드래그&드롭합니다.

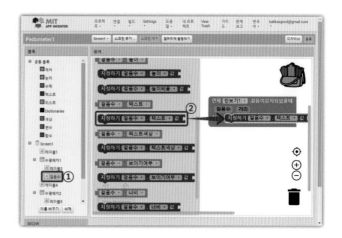

07 블록 창의 **[수학]**을 클릭 후 [□ +□] 블록을 뷰어 창 '지정하기 걸음수.텍스트 값' 블록에 연결합니다.

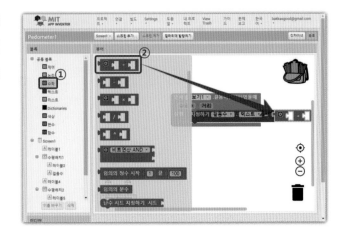

08 블록 창의 **[걸음수]**를 클릭 후 **[걸음수.텍스트]** 블록을 뷰어 창 '□+□' 블록의 왼쪽 □로 드래그&드롭합니다.

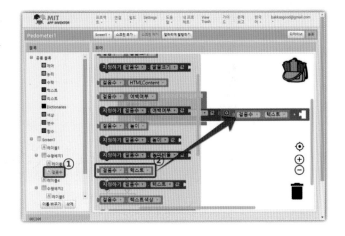

09 블록 창에서 **[수학]**을 클릭 후 **[0]** 블록을 뷰어 창 '□+□' 블록의 오른쪽 □로 드래그&드롭합니다. 드래그&드롭한 블록의 숫자를 클릭해 **[1]**로 수정합니다.

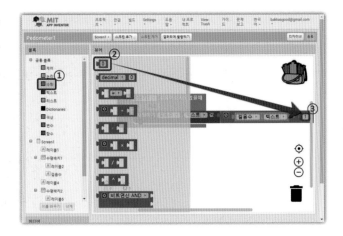

10 이번에는 칼로리를 계산하는 블록을 구현해 보겠습니다. 블록 창에서 **[칼로리]**를 클릭 후 **[지정하기 칼로리.텍스트 값]** 블록을 뷰어 창 '언제 만보기 1.걸음이감지되었을때 실행' 블록 안으로 드래그&드롭합니다.

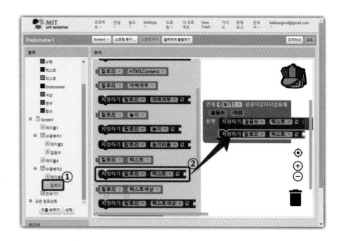

11 칼로리 계산 결과를 소숫점 2자리까지만 나타내도록 하기 위해 블록 창에서 **[수학]**을 클릭 후 **[소수로 나타내기]** 블록을 뷰어 창 '지정하기 칼로리.텍스트 값' 블록에 연결합니다.

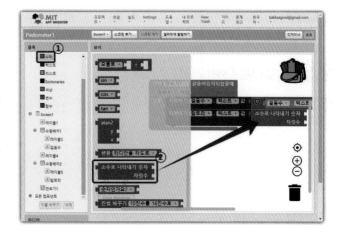

12 블록 창에서 **[수학]**을 클릭 후 **[□/□]** 블록을 뷰어 창 '소수로 나타내기' 블록의 '숫자'에 연결합니다.

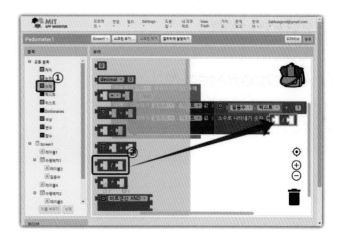

13 블록 창의 **[걸음수]**를 클릭 후 **[걸음수.텍스트]** 블록을 뷰어 창 '□/□' 블록의 왼쪽 □에 드래그&드롭합니다.

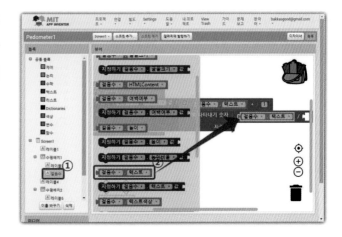

14 블록 창의 **[수학]**을 클릭 후 **[0]** 블록을 뷰어 창 '□/□' 블록의 오른쪽 □로 드래그&드롭합니다. 값을 **[30]**으로 수정합니다. 블록 창의 **[수학]**을 클릭 후 **[0]** 블록을 뷰어 창 '소수로 나타내기' 블록 '자릿수'에 연결합니다. 값을 **[2]**로 수정합니다.

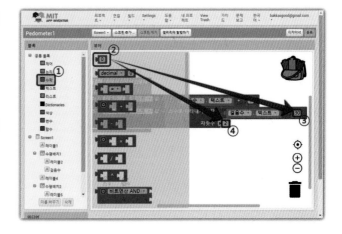

15 만보기 센서는 필요시 켜서 사용해야 합니다. 앱을 실행시 스마트폰의 만보기 센서가 동작할 수 있도록 구현해 보겠습니다. 블록 창에서 **[Screen1]**을 클릭 후 **[언제 Screen1.초기화되었을때 실행]** 블록을 뷰어 창으로 드래그&드롭합니다.

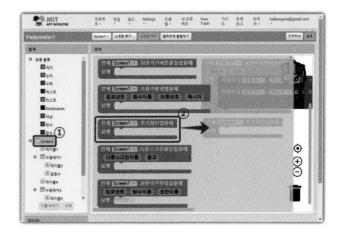

194

16 블록 창에서 [만보기1]을 클릭 후 [호출 만보기1.시작하기] 블록을 뷰어 창 '언제 Screen1. 초기화되었을때 실행' 블록 안으로 드래그&드롭합니다.

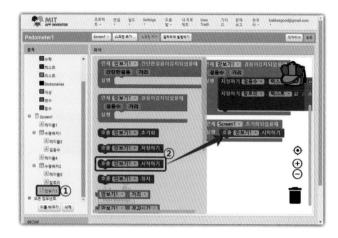

17 블록 구성이 완료되었습니다. 스마트폰에서 테스트를위해 [빌드]-[Android App (.apk)]를 클릭합니다.

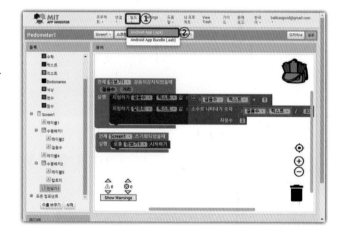

18 앱 빌드 작업이 진행됩니다. 앱 빌드가 완료되면 QR코드가 표시됩니다. PC 작업이 완료되었습니다.

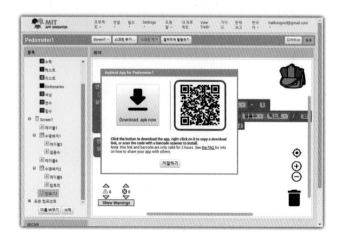

19 스마트폰에서 [MIT AI2 Companion] 또는 [App Inventor] 앱을 이용해 제작 앱을 설치하거나 실행합니다.

20 앱이 실행되면 앱 실행상태에서 걷기 행동으로 정상적으로 걸음수와 칼로리가 체크되는지 확인합니다.

2.2 나침반 앱 만들기

스마트폰에는 방향을 확인할 수 있도록 방향센서가 탑재되어 있습니다. 방향센서는 지구의 자기장을 탐지해 방위(동서남북)를 알 수 있는 센서입니다. 스마트폰의 방향센서를 이용하면 각도, 크기, 방위각, 피치, 롤 각도 등의 정보를 가져와 사용할 수 있습니다. 방위는 시계 방향으로 북·동·남·서의 순서대로 배열되며, 다른 기준이 없다면 북쪽은 북극을 가리키고, 남쪽은 남극을 의미합니다. 방향센서를 이용한 나침반 앱을 만들어 보겠습니다.

01 새로운 프로젝트를 만들기 위해 상단 메뉴 중 **[프로젝트]**-**[새 프로젝트 시작하기]**를 클릭합니다.

02 프로젝트 이름을 **[Compass]**로 입력 후 **[확인]**을 클릭합니다.

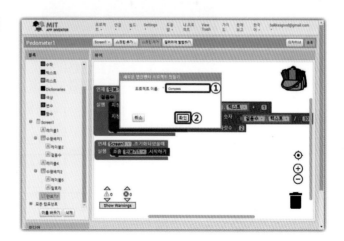

03 아래 표의 순서대로 팔레트 창에서 컴포넌트를 가져와 배치합니다. 배치된 컴포넌트는 컴포넌트 창과 같아야 합니다. 컴포넌트 중 '이미지 스프라이트' 컴포넌트의 경우 캔버스 안에만 배치할 수 있습니다. '이미지 스프라이트'를 배치할 때에는 뷰어 창의 캔버스 안으로 드래그&드롭합니다. 컴포넌트 배치가 완료되면 각 컴포넌트의 속성도 설정합니다.

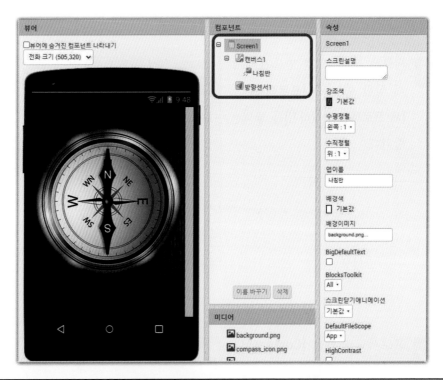

팔레트	컴포넌트	컴포넌트 이름변경	속성
	Screen1		앱이름 [나침반], 배경이미지 [background.png], 아이콘 [compass_icon.png], 스크린방향 [세로], 제목보이기 [체크해제]
그리기 & 애니메이션	캔버스		배경색 [없음], 높이 [부모 요소에 맞추기], 너비 [부모 요소에 맞추기]
그리기 & 애니메이션	이미지 스프라이트	나침반	사진 [compass.png]
센서	방향센서		

198

04 컴포넌트 배치와 속성 설정이 완료되면 기능 구현을 위해 [블록]을 클릭합니다.

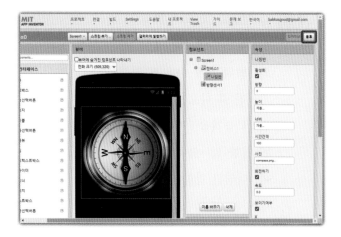

05 나침반 이미지가 스마트폰을 움직일 때마다 각도를 반영할 수 있도록 블록을 구성해 보겠습니다. 블록 창의 [방향센서1]을 클릭 후 [언제 방향센서1.방향이변경되었을때 실행] 블록을 뷰어 창으로 드래그&드롭합니다.

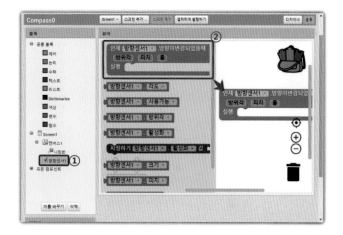

06 블록 창에서 [나침반]을 클릭 후 [지정하기 나침반.방향 값] 블록을 뷰어 창 '언제 방향센서1.방향이변경되었을때 실행' 블록 안으로 드래그&드롭합니다.

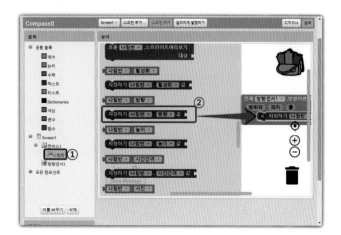

07 뷰어 창의 '언제 방향센서1.방향이변경되었을때 실행' 블록의 **[방위각]**에 마우스 커서를 가져간 후 나오는 **[가져오기 방위각]** 블록을 '지정하기 나침반.방향 값' 블록에 연결합니다. 나침반 방향 관련 블록 구성이 완료되었습니다.

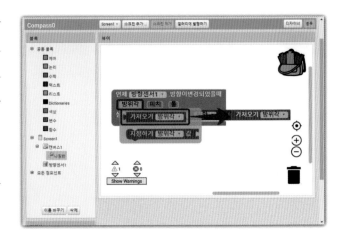

08 이번에는 나침반 모양 이미지가 스마트폰 화면 중앙에 배치되도록 블록을 구성해 보겠습니다. 계산식은 X=(스크린너비-나침반너비)/2, Y=(스크린높이-나침반높이)/2 입니다. 블록 창의 **[Screen1]**을 클릭 후 **[언제 Screen1.초기화되었을때 실행]** 블록을 뷰어 창으로 드래그&드롭합니다.

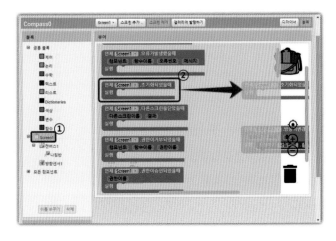

09 블록 창에서 **[나침반]**을 클릭 후 **[지정하기 나침반.X 값]**, **[지정하기 나침반.Y 값]** 블록을 뷰어 창 '언제 Screen1.초기화되었을때 실행' 블록 안으로 드래그&드롭합니다.

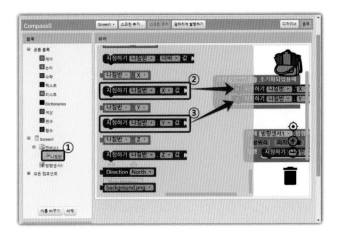

10 블록 창에서 **[수학]**을 클릭 후 [□/□] 블록을 뷰어 창 '지정하기 나침반.X 값', '지정하기 나침반.Y 값' 블록에 각각 연결합니다.

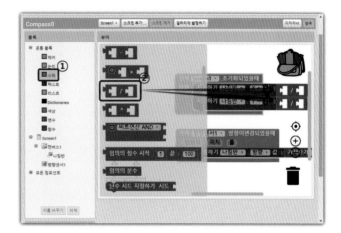

11 블록 창에서 **[수학]**을 클릭 후 [□-□] 블록을 뷰어 창 '□/□' 블록의 왼쪽 □에 각각 연결합니다.

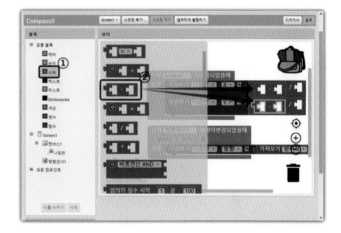

12 블록 창에서 **[Screen1]**을 클릭 후 **[Screen1.너비]** 블록을 뷰어 창 첫 번째 '□-□' 블록 왼쪽 □에 연결합니다.

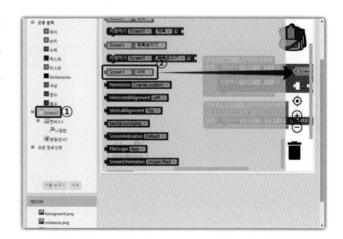

13 블록 창에서 [Screen1]을 클릭 후 [Screen1.높이] 블록을 뷰 어 창 두 번째 '□-□' 블록 왼 쪽 □에 연결합니다.

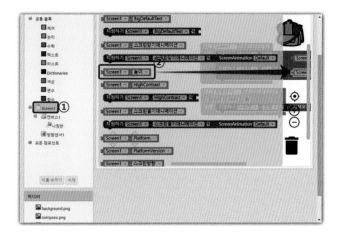

14 블록 창의 [나침반]을 클릭 후 [나침반.너비] 블록을 뷰어 창 첫 번째 '□-□' 블록 오른쪽 □에 연결합니다.

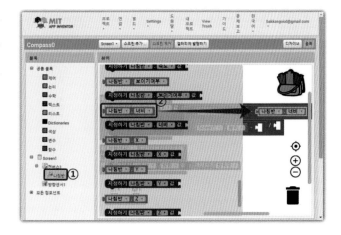

15 블록 창의 [나침반]을 클릭 후 [나침반.높이] 블록을 뷰어 창 두 번째 '□-□' 블록 오른쪽 □에 연결합니다.

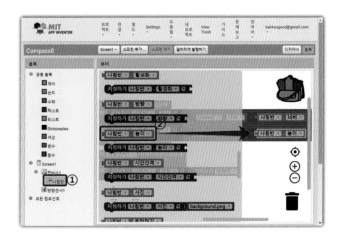

16 블록 창에서 **[수학]**을 클릭 후 [0] 블록을 뷰어 창 첫 번째, 두 번째 '□/□' 블록 오른쪽 □에 각각 연결합니다.

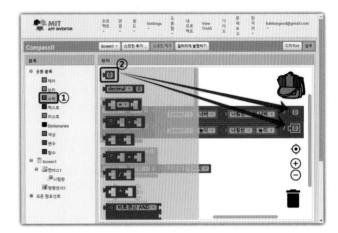

17 뷰어 창 첫 번째, 두 번째 '0' 블록을 클릭해 **[2]**로 각각 수정합니다.

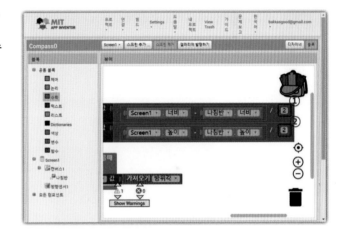

18 블록 구성이 완료되었습니다. 앱 테스트를 위해 **[빌드]**-**[Android App (.apk)]**를 클릭합니다. 아이폰 사용자는 **[연결]**-**[AI 컴패니언]**을 이용합니다.

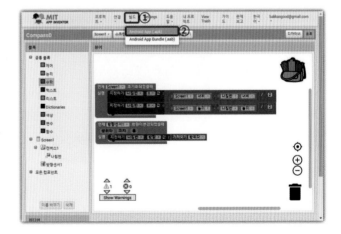

19 앱 빌드 작업이 진행됩니다. 앱 빌드가 완료되면 QR코드가 표시됩니다. PC 작업이 완료되었습니다. 스마트폰에서 [MIT AI2 Companion] 또는 [App Inventor] 앱을 이용해 제작 앱을 설치하거나 실행합니다.

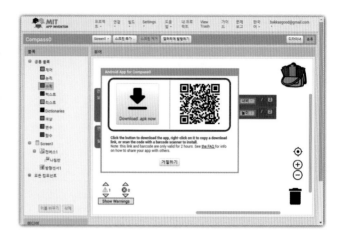

20 앱을 실행합니다. 앱이 실행되면 나침반의 방향이 맞는지 확인합니다. 방향이 맞지 않는다면 주변에 자석이나 자력을 낼 수 있는 장치가 있는지 확인합니다. 그리고 스마트폰을 잠시 흔든 후에 내려놓고 방향을 확인합니다.

2.3 응급상황 알리미 앱 만들기

늦은 시간에 귀가하는 자녀나 가족이 있는 분들
은 가족의 안전한 귀가가 염려될 것입니다. 또는
집에 홀로 계시는 어르신, 아이가 걱정되는 경우도
있습니다. 이럴 때 자녀들의 안전과 가족들의 안전
을 지킬 수 있는 앱을 만들어 보겠습니다. 응급 상
황시 앱을 실행하고 스마트폰을 흔들기만 하면, 미
리 설정한 가족의 폰으로 문자메시지를 발송하도
록 구현해 보겠습니다.

01 새로운 프로젝트를 만들기 위
해 상단 메뉴 중 [프로젝트]-
[새 프로젝트 시작하기]를 클릭
합니다.

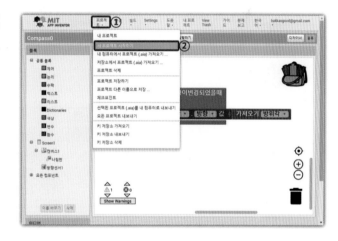

02 프로젝트 이름을 [SOS_SMS]
로 입력 후 [확인]을 클릭합니
다.

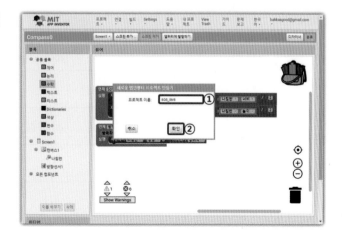

03 아래 표의 순서대로 팔레트 창에서 컴포넌트를 가져와 배치합니다. 배치된 컴포넌트는 컴포넌트 창과 같아야 합니다. 컴포넌트 배치가 완료되면 각 컴포넌트의 속성도 설정합니다.

팔레트	컴포넌트	컴포넌트 이름변경	속성
	Screen1		수평정렬 [가운데 : 3], 수직정렬 [가운데 : 2], 앱 이름 [응급상황 알리미], 배경색 [밝은 회색], 아이콘 [sos_icon.png], 스크린 방향 [세로], 제목 [지니 응급상황 알리미]
사용자 인터페이스	레이블		글꼴굵게 [체크], 글꼴크기 [20], 텍스트 [응급상황에 스마트폰을 흔들어 주세요.]
사용자 인터페이스	레이블		글꼴굵게 [체크], 제목 [가족에게 문자메시지가 발송됩니다.]
사용자 인터페이스	버튼	SOS버튼	높이 [300 픽셀], 너비 [300 픽셀], 이미지 [sos_icon2.png], 텍스트 [ ]
센서	가속도센서		
센서	위치센서		시간간격 [1000]
소셜	문자메시지		

04 컴포넌트 배치와 속성 설정 이 완료되면 기능 구현을 위해 [블록]을 클릭합니다.

05 버튼을 누르면 도움을 요청하 는 문자메시지가 발송될 수 있 도록 블록을 구성해 보겠습니 다. 블록 창의 [SOS버튼]을 클 릭 후 [언제 SOS버튼.클릭했을 때 실행] 블록을 뷰어 창으로 드래그&드롭합니다.

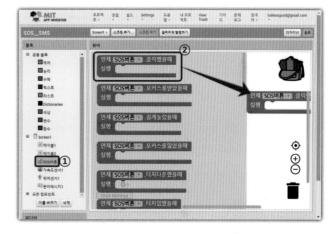

06 블록 창에서 [문자메시지1]을 클릭 후 [지정하기 문자메시지 1.전화번호 값], [지정하기 문자 메시지1.메시지 값] 블록을 뷰 어 창 '언제 SOS버튼.클릭했 을때 실행' 블록 안으로 드래 그&드롭합니다.

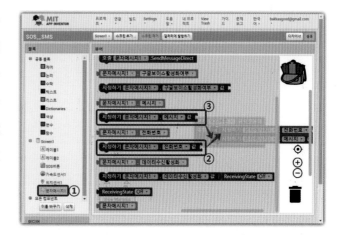

07 블록 창에서 [텍스트]를 클릭 후 [' '] 블록을 뷰어 창 '지정하기 문자메시지1.전화번호 값' 블록에 연결합니다. 블록 창에서 [텍스트]를 클릭 후 [합치기], [' '] 블록을 뷰어 창 '지정하기 문자메시지1.메시지 값' 블록에 연결합니다.

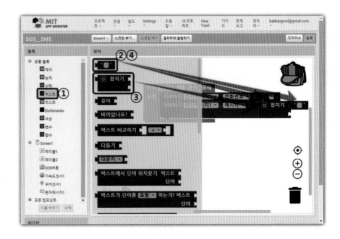

08 뷰어 창 '지정하기 문자메시지1.전화번호 값' 블록에 연결된 텍스트 블록 내용을 [010-1234-5678] 형태로 입력합니다. 뷰어 창 '합치기' 블록에 연결된 텍스트 블록을 클릭해 [응급상황이 발생했어요~! 도와주세요!! 주소:]으로 입력합니다.

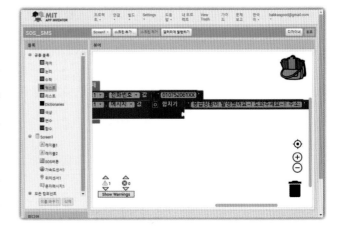

09 블록 창에서 [위치센서1]을 클릭 후 [위치센서1.현재주소] 블록을 뷰어 창 '합치기' 블록의 두 번째 커넥터에 드래그&드롭합니다.

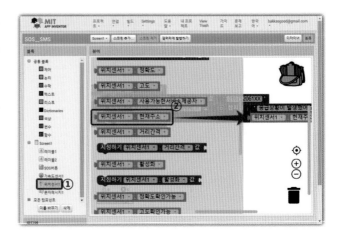

10 블록 창에서 [문자메시지1]을 클릭 후 [호출 문자메시지1.SendMessageDirect] 블록을 뷰어 창 '언제 SOS버튼.클릭했을때 실행' 블록 안에 드래그&드롭합니다.

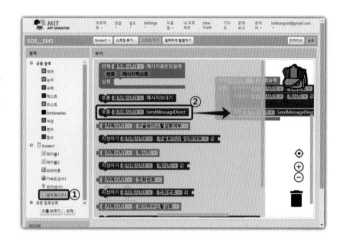

11 이어서 앱을 실행한 상태에서 스마트폰을 흔들어 응급 상황을 알릴 수 있는 블록을 구성해 보겠습니다. 블록 창에서 [가속도센서1]을 클릭 후 [언제 가속도센서1.흔들렸을때 실행] 블록을 뷰어 창으로 드래그&드롭합니다.

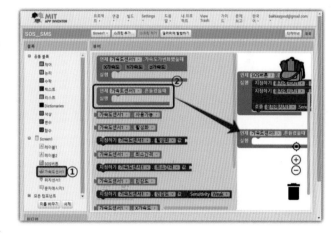

12 뷰어 창의 '언제 SOS버튼.클릭했을때 실행' 블록 안의 [지정하기 문자메시지1.전화번호 값] 블록에서 마우스 오른쪽 버튼을 클릭 후 [복제하기]를 클릭합니다.

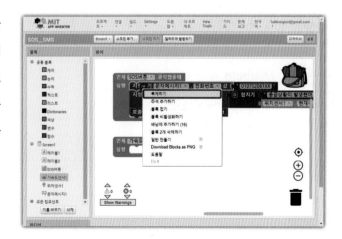

13 복제된 블록을 뷰어 창 '언제 가속도센서1.흔들렸을때 실행' 블록 안으로 드래그&드롭합니다.

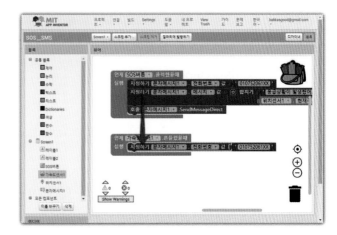

14 같은 방법으로 '언제 SOS버튼.클릭했을때 실행' 블록 안의 나머지 블록을 복제해 '언제 가속도센서1.흔들렸을때 실행' 블록 안으로 드래그&드롭합니다.

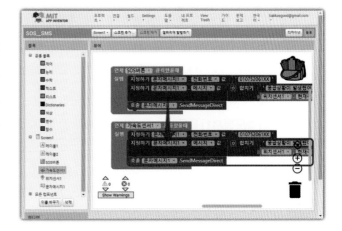

15 블록 구성이 완료되었습니다. 앱 테스트를 위해 **[빌드]**-**[Android App (.apk)]**를 클릭합니다. 아이폰 사용자는 **[연결]**-**[AI 컴패니언]**을 이용합니다.

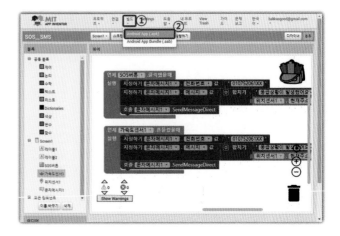

16 앱 빌드 작업이 진행됩니다. 앱 빌드가 완료되면 QR코드가 표시됩니다. PC 작업이 완료되었습니다. 스마트폰에서 [MIT AI2 Companion] 또는 [App Inventor] 앱을 이용해 제작 앱을 설치하거나 실행합니다.

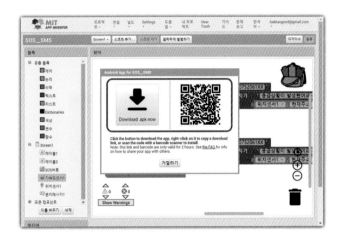

17 설치한 앱을 실행합니다. 만약 스마트폰의 위치 센서가 꺼져있다면 위치 센서를 켭니다. 위치 액세스 허용 메시지가나오면 **[앱 사용 중에만 허용]**을 터치합니다. 앱을 테스트하기 위해 스마트폰을 흔들거나 버튼을 터치합니다.

18 문자 메시지 전송 허용을 묻는 메시지 창이 나오면 [허용]을 터치합니다. 권한 허용 메시지는 앱 설치 후 최초 한 번만 나타납니다. 문자 메시지가 전송되면 발송되었다는 안내 메시지가 화면에 잠시 표시되었다 사라집니다.

19 발송된 문자 메시지를 확인합니다. GPS가 사용 불가능한 상태(실내)에서는 주소가 'No address available'로 표시됩니다. 이런 경우에는 야외에서 앱을 실행하고 테스트합니다. 위성 신호(GPS)가 사용 가능한 곳(실외)에서는 앱을 실행한 스마트폰의 위치가 정상적으로 전송됩니다.

 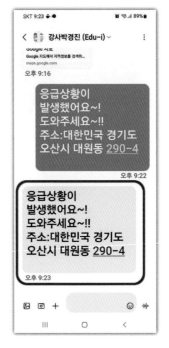

추가해 보세요~

? 텍스트박스를 추가해 수신 전화번호를 입력하고, 입력된 번호로 도움을 요청하는 메시지가 전송될 수 있도록 구성해 보세요.

! 텍스트박스에 입력된 전화번호로 문자 메시지가 발송되도록 하려면 아래와 같은 블록을 추가하면 됩니다.
- 팔레트 창에서 [텍스트박스] 추가

추가한 텍스트박스에 입력한 전화번호를 문자 메시지 수신할 번호로 적용하기 위해서는 블록을 아래와 같이 등록합니다.
- 블록 창에서 [텍스트박스1]-[텍스트박스1.텍스트] 블록 추가

추가해 보세요~

? 문자메시지 내용에 지도 URL을 추가하고 URL을 터치시 지도에 위치를 표시하도록 설정해보세요.

! 지도 URL을 활용하려면 현재 위치의 위도, 경도가 필요합니다. 스마트폰의 위치 센서에서 위도와 경도를 가져와 지도 URL에 합쳐주면 지도에 현재 위치를 표시할 수 있습니다.

- URL 형식: http://maps.google.com/maps?q=위도,경도&ll=위도,경도&z=17

스마트폰으로 수신된 메시지를 확인하면 다음과 같습니다. 네이버지도와 카카오맵은 위치를 EPSG:3857좌표계를 사용합니다. 위도와 경도를 직접 표시하는 방식이 아니기 때문에 별도의 변환 과정이 필요합니다.

214

2.4 근접 센서를 이용한 운동 앱 만들기

스마트폰의 근접 센서는 가까운 거리의 물체를 인식하는 센서입니다. 전화 통화 중에는 스마트폰 화면이 자동으로 꺼지도록 해 귀나 얼굴로 터치가 되는 것을 예방해 주며, 통화가 완료된 후에는 화면을 다시 켜주는 역할을 합니다. 근접 센서는 운동에도 활용할 수 있습니다. 운동 횟수 등을 체크 할

때 유용하게 사용 가능합니다. 근접 센서를 활용한 운동 앱을 만들어 보겠습니다.

01 새로운 프로젝트를 만들기 위해 상단 메뉴 중 [프로젝트]-[새 프로젝트 시작하기]를 클릭합니다.

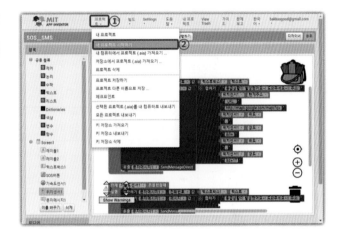

02 프로젝트 이름을 [PushUp]으로 입력 후 [확인]을 클릭합니다.

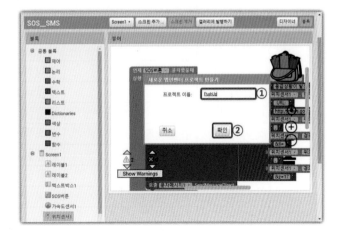

215

03 아래 표의 순서대로 팔레트 창에서 컴포넌트를 가져와 배치합니다. 배치된 컴포넌트는 컴포넌트 창과 같아야 합니다. 컴포넌트 배치가 완료되면 각 컴포넌트의 속성도 설정합니다.

팔레트	컴포넌트	컴포넌트 이름변경	속성
	Screen1		수평정렬 [가운데 : 3], 수직정렬 [가운데 : 2], 앱 이름 [팔굽혀펴기], 아이콘 [pushup_icon.png], 스크린방향 [세로], 제목보이기 [체크해제]
사용자 인터페이스	이미지		너비 [부모요소에맞추기], 사진 [Title.png]
	버튼	시작	이미지 [start.png], 텍스트 [ ]
	버튼	중지	이미지 [stop.png], 텍스트 [ ]
	레이블		배경색 [없음], 글꼴크기 [30], 텍스트 [-], 텍스트 색상 [없음]
레이아웃	수직배치		수평정렬 [가운데], 수직정렬 [가운데], 배경색 [없음], 높이 [20퍼센트], 너비 [75퍼센트], 이미지 [cont_bg.png]
	수평배치		수직정렬 [가운데], 배경색 [없음]
사용자 인터페이스	레이블		글꼴굵게, 글꼴크기 [20], 텍스트 [개수 :]
	레이블	개수	글꼴굵게, 글꼴크기 [20], 텍스트 [0]
레이아웃	수평배치		수직정렬 [가운데], 배경색 [없음]
사용자 인터페이스	레이블		글꼴굵게, 글꼴크기 [20], 텍스트 [거리 :]
	레이블	거리	글꼴굵게, 글꼴크기 [20], 텍스트 [0]
	이미지		너비 [부모 요소에 맞추기], 사진 [pshup.png]
미디어	소리		소스 [pong.wav]
센서	근접센서		활성화 [체크해제]

04 이미지를 추가하기 위해 미디어 창의 [파일 올리기]를 클릭합니다. 파일 올리기 창이 나오면 [파일 선택]을 클릭합니다.

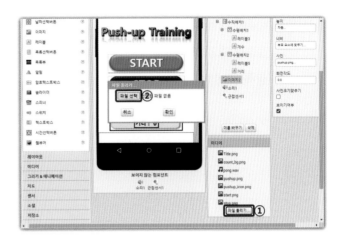

05 열기 창이 나오면 [pushup2. png] 파일을 클릭 후 [열기]를 클릭합니다.

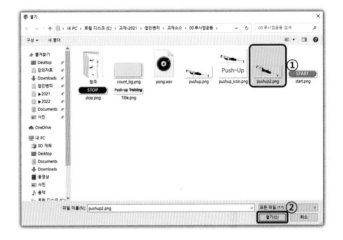

06 선택한 파일 이름이 '파일 선택' 버튼 오른쪽에 표시됩니다. [확인]을 클릭합니다.

07 미디어 창에 이미지가 추가되었습니다. 기능 구현을 위해 **[블록]**을 클릭합니다.

08 먼저 근접 센서는 필요시 활성화를 해야 사용할 수 있습니다. 근접 센서가 동작할 수 있도록 '시작' 버튼 블록을 구성해 보겠습니다. 블록 창의 **[시작]**을 클릭 후 **[언제 시작.클릭했을때 실행]** 블록을 뷰어 창으로 드래그&드롭합니다.

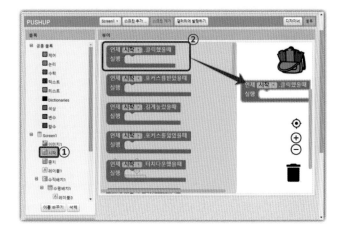

09 블록 창에서 **[근접센서1]**을 클릭 후 **[지정하기 근접센서1.활성화 값]** 블록을 뷰어 창 '언제 시작.클릭했을때 실행' 블록 안으로 드래그&드롭합니다.

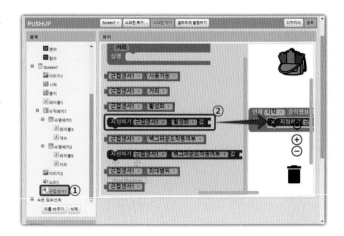

10 블록 창에서 **[논리]**를 클릭 후 **[참]** 블록을 뷰어 창 '지정하기 근접센서1.활성화 값' 블록에 연결합니다.

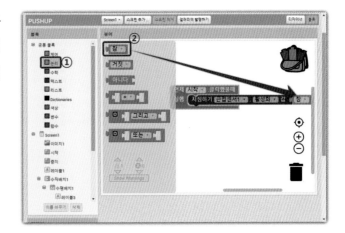

11 블록 창에서 **[중지]**를 클릭 후 **[언제 중지.클릭했을때 실행]** 블록을 뷰어 창으로 드래그&드롭합니다.

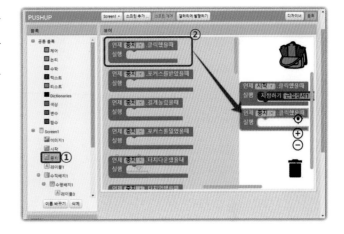

12 뷰어 창의 '언제 시작.클릭했을때 실행' 블록 안의 **[지정하기 근접센서1.활성화 값]** 블록에서 마우스 오른쪽 버튼을 클릭 후 **[복제하기]**를 클릭합니다.

13 복제된 블록을 뷰어 창 '언제 중지.클릭했을때 실행' 블록 안으로 드래그&드롭합니다. 복제된 블록의 [참]을 클릭해 [거짓]으로 변경합니다.

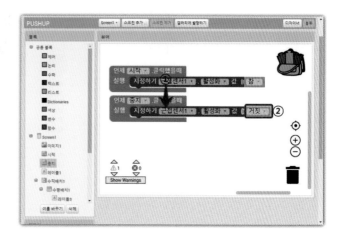

14 이제 근접센서가 인식되었을 때 운동 횟수를 기록하고, 운동 이미지를 변경하는 블록을 구성해 보겠습니다. 블록 창에서 [근접센서1]을 클릭 후 [언제 근접센서1.거리가변경되었을때 실행] 블록을 뷰어 창으로 드래그&드롭합니다.

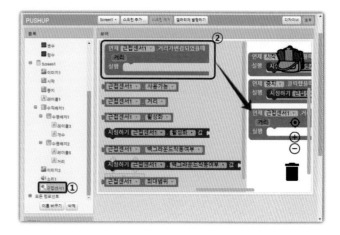

15 블록 창에서 [제어]를 클릭 후 [만약 이라면 실행 아니라면] 블록을 뷰어 창 '언제 근접센서 1.거리가변경되었을때 실행' 안으로 드래그&드롭합니다.

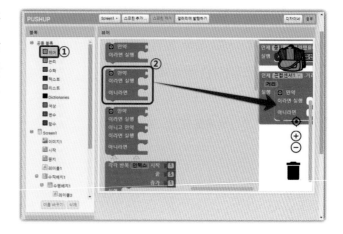

16 블록 창에서 [수학]을 클릭 후 [□ = □] 블록을 뷰어 창 '만약' 블록에 연결합니다. 연결한 블록의 [=]을 클릭해 [〉]로 변경합니다.

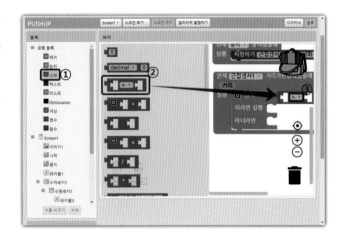

17 블록 창에서 [수학]을 클릭 후 [0] 블록을 뷰어 창 '□ 〉 □' 블록 중 오른쪽 □에 드래그&드롭합니다.

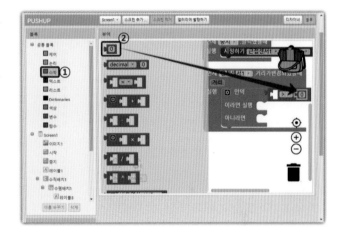

18 뷰어 창 '언제 근접센서1.거리가변경되었을때 실행' 블록의 [거리]에 마우스를 클릭해 [가져오기 거리]를 '□ 〉 □' 블록 중 왼쪽 □에 드래그&드롭합니다.

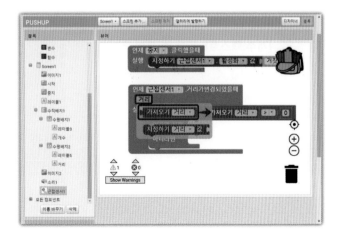

19 블록 창에서 [개수]를 클릭 후 [지정하기 개수.텍스트 값] 블록을 뷰어 창 '이라면 실행' 블록에 연결합니다.

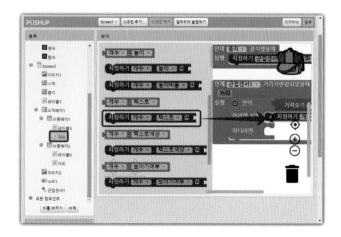

20 블록 창에서 [수학]을 클릭 후 [□ + □] 블록을 뷰어 창 '지정하기 개수.텍스트 값' 블록에 연결합니다. 블록 창에서 [수학]을 클릭 후 [0] 블록을 뷰어 창 '□ + □' 오른쪽 □에 드래그&드롭합니다. 드래그한 블록의 숫자 값을 [1]로 수정합니다.

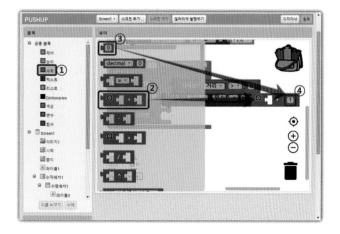

21 블록 창에서 [개수]를 클릭 후 [개수.텍스트] 블록을 뷰어 창 '□ + □' 왼쪽 □에 드래그&드롭합니다.

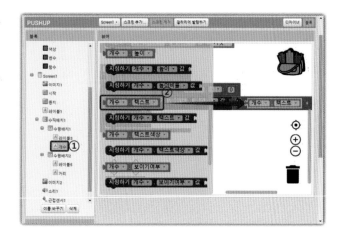

22 블록 창에서 [소리1]을 클릭 후 [호출 소리1.재생하기] 블록을 뷰어 창 '이라면 실행' 블록에 연결합니다.

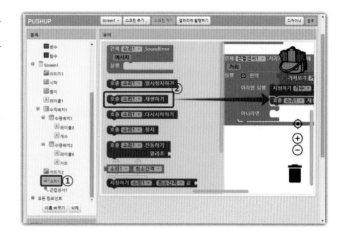

23 블록 창에서 [이미지2]를 클릭 후 [지정하기 이미지2.사진 값] 블록을 뷰어 창 '이라면 실행', '아니라면' 블록에 각각 연결 합니다.

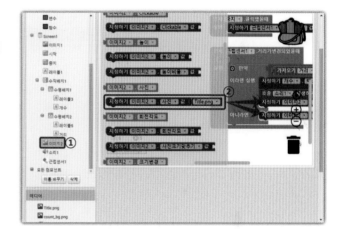

24 드래그 한 블록의 파일 이름 을 [pushup2.png], [pushup.png]로 수정합니다.

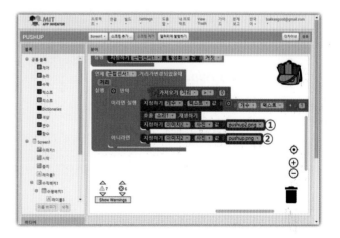

25 블록 창에서 **[거리]**를 클릭 후 **[지정하기 거리.텍스트 값]** 블록을 뷰어 창 '언제 근접센서1.거리가변경되었을때 실행' 블록 안 가장 아래에 연결합니다.

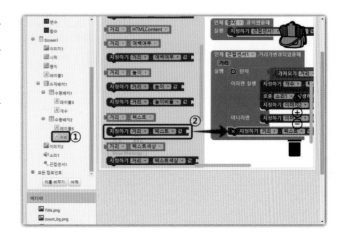

26 뷰어 창 '언제 근접센서1.거리가변경되었을때 실행' 블록의 **[거리]**에 마우스 클릭 후 **[가져오기 거리]**를 '지정하기 거리.텍스트 값' 블록에 연결합니다.

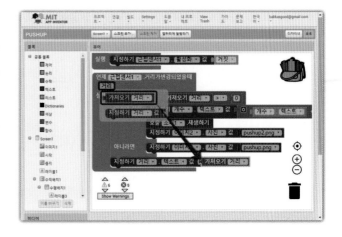

27 블록 구성이 완료되었습니다. 앱 테스트를 위해 **[빌드]**-**[Android App (.apk)]**를 클릭합니다. 아이폰 사용자는 **[연결]**-**[AI 컴패니언]**을 이용합니다.

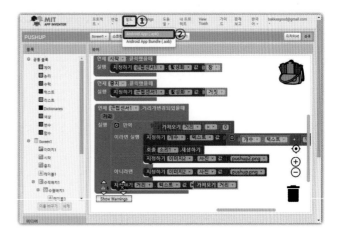

28 앱 빌드 작업이 진행됩니다. 앱 빌드가 완료되면 QR코드가 표시됩니다. PC 작업이 완료되었습니다.

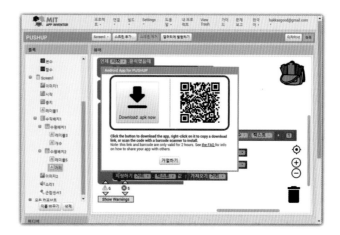

29 스마트폰에서 [MIT AI2 Companion] 또는 [App Inventor] 앱을 이용해 제작 앱을 설치하거나 실행합니다. 앱이 실행되면 [START]를 터치합니다. 스마트폰 상단의 근접센서에 손을 가까이 가져갔다 멀리 띄워 센서가 동작하는지 확인합니다. 개수와 거리가 정상적으로 인식되는지, 하단 이미지가 변경되는지 확인합니다.

2.5 위치 센서를 이용한 내 위치찾기 앱 만들기

스마트폰은 위치(GPS) 센서가 탑재되어 현재 내가 있는 위치를 기반으로 필요한 서비스를 제공받을 수 있습니다. 이번 프로젝트에서는 스크린을 2개 이상 사용하는 방법과 지도상에 내 위치를 표시하는 방법을 알아보도록 하겠습니다.

01 새로운 프로젝트를 만들기 위해 상단 메뉴 중 [프로젝트]-[새 프로젝트 시작하기]를 클릭합니다.

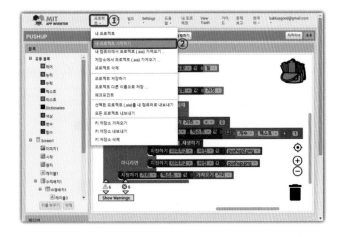

02 프로젝트 이름을 [FindMy Location]으로 입력 후 [확인]을 클릭합니다.

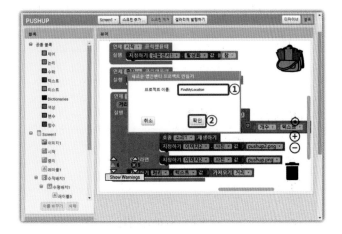

03 아래 표의 순서대로 팔레트 창에서 컴포넌트를 가져와 배치합니다. 배치된 컴포넌트는 컴포넌트 창과 같아야 합니다. 컴포넌트 배치가 완료되면 각 컴포넌트의 속성도 설정합니다.

팔레트	컴포넌트	컴포넌트 이름변경	속성
	Screen1		수평정렬 [가운데 : 3], 수직정렬 [가운데 : 2], 앱이름 [내위치찾기], 아이콘 [location_icon.png], 스크린방향 [세로], 제목보이기 [체크해제]
사용자 인터페이스	레이블		높이 [20 퍼센트], 텍스트 [ ]
	이미지		높이 [200 픽셀], 너비 [200픽셀], 사진 [location_icon.png], 사진크기맞추기 [체크]
	레이블		높이 [20 퍼센트], 텍스트 [ ]
	레이블		텍스트 [Created by Edu-i], 텍스트정렬 [가운데 : 1]
센서	시계		타이머간격 [3000]

04 스크린을 추가해 보겠습니다. **[스크린 추가]**를 클릭합니다. 새 스크린 창이 나오면 **[확인]**을 클릭합니다.

05 새로운 화면에 아래 표의 순서 대로 팔레트 창에서 컴포넌트 를 가져와 배치합니다. 배치된 컴포넌트는 컴포넌트 창과 같 아야 합니다. 레이블은 표 한 칸에 하나씩 배치합니다. 컴포 넌트 배치가 완료되면 각 컴포 넌트의 속성도 설정합니다.

팔레트	컴포넌트	컴포넌트 이름변경	속성
	Screen2		제목 [내 위치 찾기]
레이아웃	표형식배치		열 [2], 너비 [부모 요소에 맞추기], 행 [3]
사용자 인터페이스	레이블		텍스트 [경도 :]
	레이블	경도	텍스트 [0]
	레이블		텍스트 [위도 :]
	레이블	위도	텍스트 [0]
	레이블		텍스트 [주소 :]
	레이블	주소	텍스트 [ ]
	웹뷰어		높이 [부모 요소에 맞추기], 너비 [부모 요소에 맞추기]
센서	위치		시간간격 [1000]

228

06 첫 번째 스크린으로 이동하기 위해 상단 [Screen2]를 클릭 후 [Screen1]을 클릭합니다.

07 Screen1의 기능 구현을 위해 [블록]을 클릭합니다.

08 앱을 실행하면 Screen1이 나타나고, 3초 후에 Screen2가 나타나도록 설정해 보겠습니다. 블록 창에서 [시계1]을 클릭 후 [언제 시계1.타이머가작동할때 실행] 블록을 뷰어 창으로 드래그&드롭합니다.

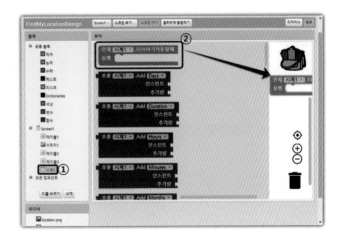

229

09 블록 창에서 **[시계1]**을 클릭 후 **[지정하기 시계1.타이머활성화여부 값]** 블록을 뷰어 창 '언제 시계1.타이머가작동할때 실행' 블록 안으로 드래그&드롭합니다.

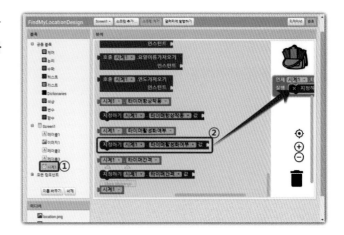

10 블록 창에서 **[논리]**를 클릭 후 **[거짓]** 블록을 뷰어 창 '지정하기 시계1.타이머활성화여부 값' 블록에 연결합니다.

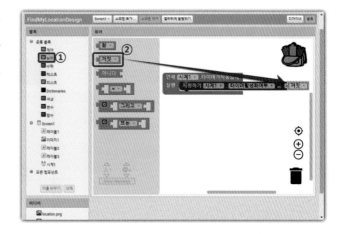

11 블록 창에서 **[제어]**를 클릭 후 **[다른 스크린 열기 스크린 이름]** 블록을 뷰어 창 '지정하기 시계1.타이머활성화여부 값' 블록에 연결합니다.

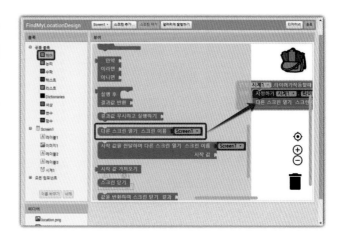

12 뷰어 창에 드래그&드롭한 '다른 스크린 열기 스크린 이름' 블록에 연결된 [Screen1]을 클릭해 [Screen2]로 변경합니다.

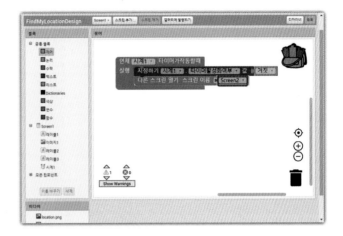

13 Screen1의 블록 구성이 완료되었습니다. 'Screen2' 화면으로 이동하겠습니다. 상단 [Screen1]을 클릭해 [Screen 2]로 변경합니다.

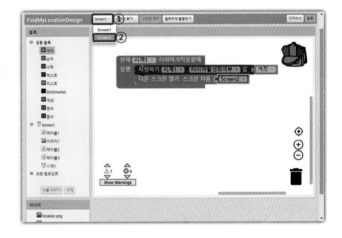

14 위치 센서로부터 위도와 경도, 주소, 지도에 위치를 표시하기 위한 블록을 구성해 보겠습니다. 블록 창에서 **[위치센서1]**을 클릭 후 **[언제 위치센서1.위치가변경되었을때 실행]** 블록을 뷰어 창으로 드래그&드롭합니다.

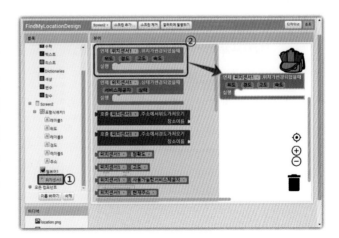

15 블록 창에서 **[위도]**를 클릭 후 **[지정하기 위도.텍스트 값]** 블록을 뷰어 창 '언제 위치센서1.위치가변경되었을때 실행' 블록 안으로 드래그&드롭합니다.

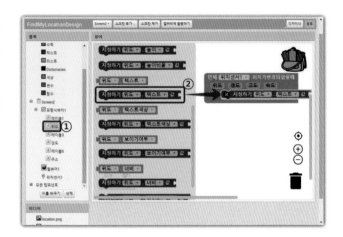

16 블록 창에서 **[경도]**를 클릭 후 **[지정하기 경도.텍스트 값]** 블록을 뷰어 창 '언제 위치센서1.위치가변경되었을때 실행' 블록 안으로 드래그&드롭합니다.

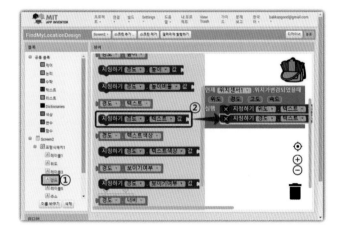

17 블록 창에서 **[주소]**를 클릭 후 **[지정하기 주소.텍스트 값]** 블록을 뷰어 창 '언제 위치센서1.위치가변경되었을때 실행' 블록 안으로 드래그&드롭합니다.

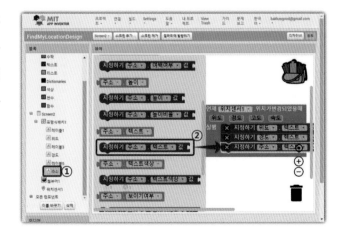

18 뷰어 창 '언제 위치센서1.위치가변경되었을때' 블록의 [위도]에 마우스 커서를 가져가 [가져오기 위도] 블록을 '지정하기 위도.텍스트 값' 블록에 연결합니다.

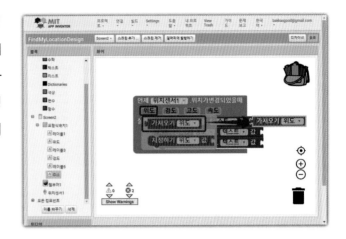

19 뷰어 창 '언제 위치센서1.위치가변경되었을때' 블록의 [경도]에 마우스 커서를 가져가 [가져오기 경도] 블록을 '지정하기 경도.텍스트 값' 블록에 연결합니다.

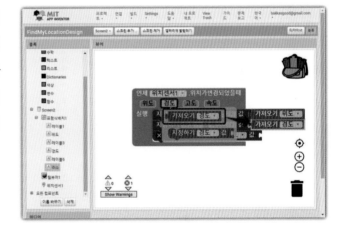

20 블록 창에서 [위치센서1]을 클릭 후 [위치센1.현재주소] 블록을 뷰어 창 '지정하기 주소.텍스트 값' 블록에 연결합니다.

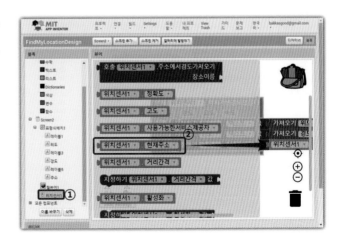

21 지도에 현재 위치를 표시하기 위한 블록을 구성해 보겠습니다. 블록 창에서 **[제어]**를 클릭 후 **[만약 이라면 실행]** 블록을 뷰어 창 '언제 위치센서1.위치가변경되었을때 실행' 블록 안으로 드래그&드롭합니다.

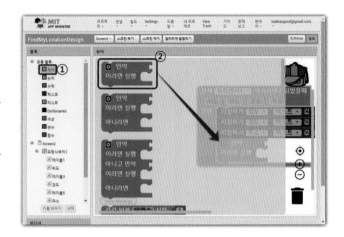

22 블록 창에서 **[위치센서1]**을 클릭 후 **[위치센서1.위도경도확인가능]** 블록을 뷰어 창 '만약 이라면 실행' 블록의 '만약'에 연결합니다.

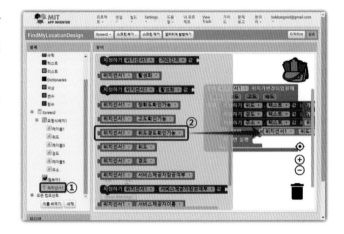

23 블록 창에서 **[웹뷰어1]**을 클릭 후 **[호출 웹뷰어1.URL로이동하기]** 블록을 뷰어 창 '만약 이라면 실행' 블록의 '이라면 실행'에 연결합니다.

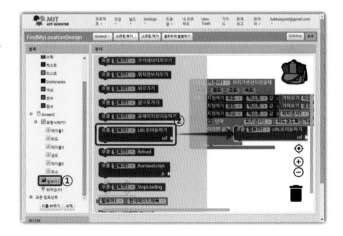

24 블록 창에서 **[텍스트]**를 클릭 후 **[합치기]** 블록을 뷰어 창 '호출 웹뷰어1.URL로이동하기' 블록의 'url'에 연결합니다.

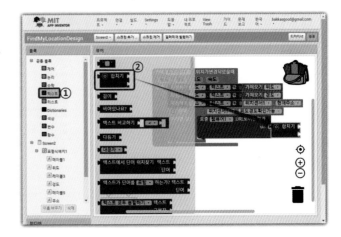

25 뷰어 창 '합치기' 블록의 톱니 바퀴 모양의 **[설정]**을 클릭합니다. 팝업 창의 왼쪽 **[문자열]**을 오른쪽 '합치기' 안으로 두 번 드래그&드롭합니다.

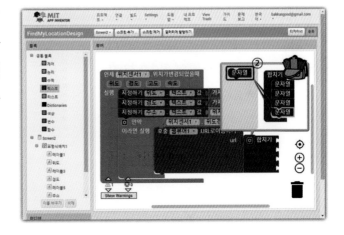

26 블록 창에서 **[텍스트]**를 클릭 후 **[' ']** 블록을 뷰어 창 '합치기' 블록의 첫 번째와 세 번째에 연결합니다.

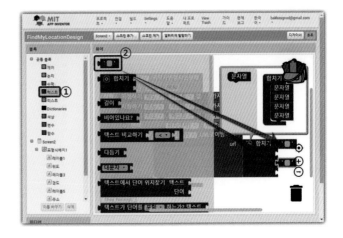

235

27 합치기 블록에 연결한 텍스트 블록의 내용을 [https://maps.google.com/maps?q=], [,]로 입력합니다.

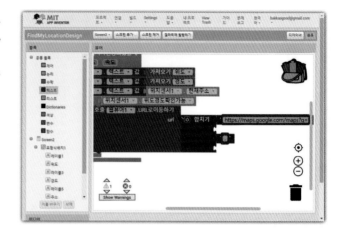

28 뷰어 창 '언제 위치센서1.위치가변경되었을때' 블록의 **[위도]**에 마우스 커서를 가져가 **[가져오기 위도]** 블록을 '합치기' 블록 두 번째 커넥터에 연결합니다.

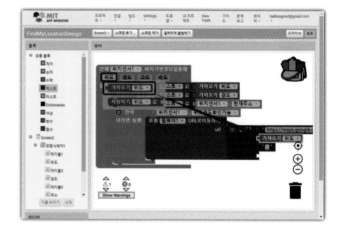

29 뷰어 창 '언제 위치센서1.위치가변경되었을때' 블록의 **[경도]**에 마우스 커서를 가져가 **[가져오기 경도]** 블록을 '합치기' 블록 네 번째 커넥터에 연결합니다.

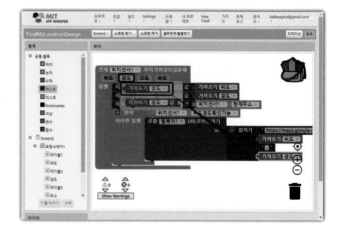

30 블록 구성이 완료되었습니다. 앱 테스트를 위해 [빌드]-[Android App (.apk)]를 클릭합니다. 아이폰 사용자는 [연결]-[AI 컴패니언]을 이용합니다.

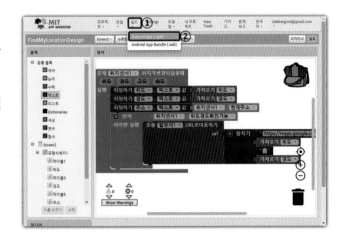

31 앱 빌드 작업이 진행됩니다. 앱 빌드가 완료되면 QR코드가 표시됩니다. PC 작업이 완료되었습니다.

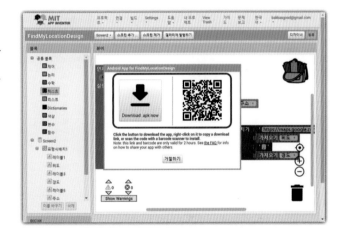

32 스마트폰에서 [MIT AI2 Companion] 또는 [App Inventor] 앱을 이용해 제작 앱을 설치 또는 실행합니다. Screen1이 나타난 상태로 3초가 지나면 자동으로 Screen2로 바뀝니다. 스마트폰의 위치 센서가 켜져 있고, 위성 신호를 받을 수 있는 실외라면 위도, 경도, 주소, 지도가 표시됩니다.

2.6 앱 인벤터 확장기능으로 플래시 SOS 앱 만들기

앱 인벤터에서는 스마트폰 플래시를 제어할 수 있는 컴포넌트를 제공하지 않습니다. 하지만 확장 기능을 이용해 필요한 기능을 추가해 사용할 수 있습니다. 대표적으로 카메라 플래시, 인공지능(AI) 등이 있습니다. 플래시를 제어할 수 있는 확장 컴포넌트를 추가하고 제어하는 앱을 제작해 보겠습니다.

01 새로운 프로젝트를 만들기 위해 상단 메뉴 중 **[프로젝트]-[새 프로젝트 시작하기]**를 클릭합니다.

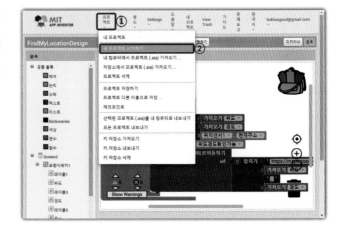

02 프로젝트 이름을 **[Flash_SOS]**로 입력 후 **[확인]**을 클릭합니다.

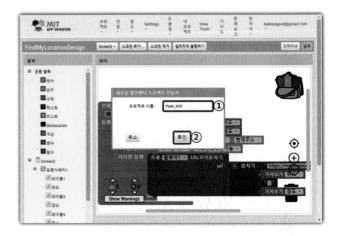

03 아래 표의 순서대로 팔레트 창에서 컴포넌트를 가져와 배치합니다. 배치된 컴포넌트는 컴포넌트 창과 같아야 합니다. 컴포넌트 배치가 완료되면 각 컴포넌트의 속성도 설정합니다.

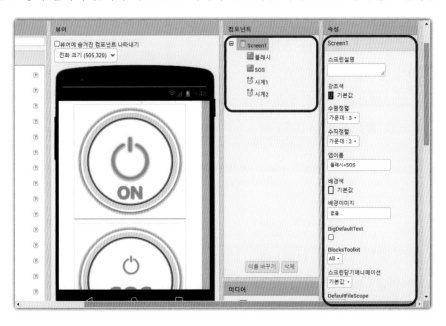

팔레트	컴포넌트	컴포넌트 이름변경	속성
	Screen1		수평정렬 [가운데 : 3], 수직정렬 [가운데 : 2], 제목 [플래 시+SOS], 아이콘 [flash_icon.png], 스크린방향 [세로], 제목보이기 [체크해제]
사용자 인터페이스	버튼	플래시	높이 [250 픽셀], 너비 [250 픽셀], 이미지 [ON.png], 텍스트 [ ]
	버튼	SOS	높이 [250 픽셀], 너비 [250 픽셀], 이미지 [SOSON.png], 텍스트 [ ]
센서	시계		타이머간격 [500]
	시계		타이머간격 [1000]

239

04 스마트폰 플래시 LED를 제어하는 확장 기능을 추가해 보겠습니다. 팔레트 창의 [**확장기능**]을 클릭 후 [**확장기능 추가하기**]를 클릭합니다. 프로젝트에 확장 프로그램 불러오기 창이 나오면 [**파일 선택**]을 클릭합니다.

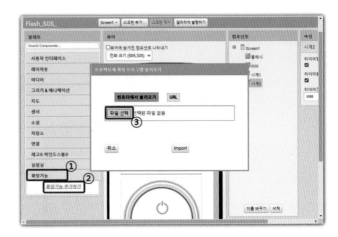

05 열기 창이 나오면 [**Taifun Flashlight.aix**] 파일을 클릭 후 [**열기**]를 클릭합니다.

06 선택한 파일 이름이 '파일 선택' 버튼 오른쪽에 표시됩니다. [**Import**]를 클릭합니다.

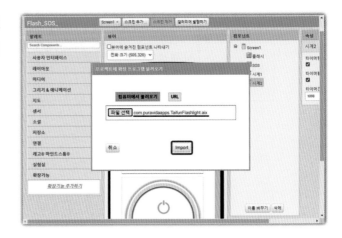

07 등록된 확장 프로그램 [TaifunFlashlight]를 뷰어 창 스마트폰 화면 안으로 드래그&드롭합니다.

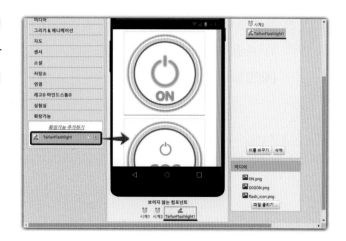

08 이번에는 블록 코딩시 추가로 필요한 이미지를 등록해 보겠습니다. 미디어 창의 [**파일 올리기**]를 클릭합니다. 파일 올리기 창이 나오면 [**파일 선택**]을 클릭합니다.

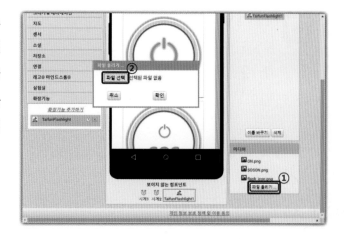

09 열기 창이 나오면 [**OFF.png**] 파일을 클릭 후 [**열기**]를 클릭합니다.

10 파일 선택 버튼 오른쪽에 선택한 파일 이름이 표시됩니다. **[확인]**을 클릭합니다.

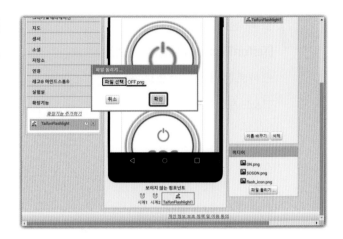

11 같은 방법으로 **[SOSOFF.png]** 파일도 미디어 창에 등록합니다.

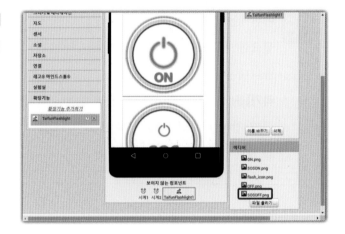

12 디자이너 창 설정이 완료되었습니다. 블록 코딩을 위해 **[블록]**을 클릭합니다.

13 먼저 플래시를 켜고 끄는 블록을 구성해 보겠습니다. '플래시' 버튼을 토글 스위치 형태로 만들어 버튼 하나로 켜고 끄도록 구성하겠습니다. 블록 창에서 **[플래시]**를 클릭 후 **[언제 플래시.클릭했을때 실행]** 블록을 뷰어 창으로 드래그&드롭합니다.

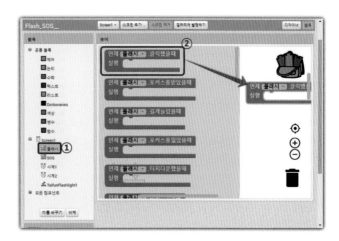

14 블록 창에서 **[제어]**를 클릭 후 **[만약 이라면 실행 아니라면]** 블록을 뷰어 창 '언제 플래시.클릭했을때 실행' 블록 안으로 드래그&드롭합니다.

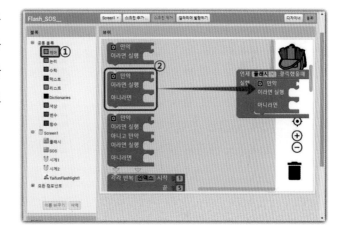

15 블록 창에서 **[수학]**을 클릭 후 **[□ = □]** 블록을 뷰어 창 '만약'에 연결합니다.

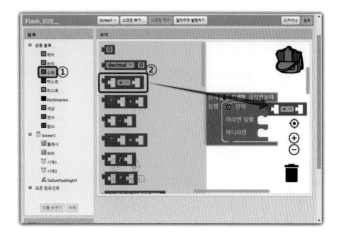

16 블록 창에서 [플래시]를 클릭 후 [플래시.이미지] 블록을 뷰어 창 '□ = □' 블록의 왼쪽 □에 연결합니다.

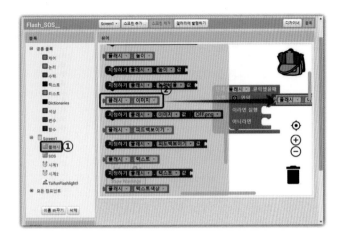

17 블록 창에서 [텍스트]를 클릭 후 [' '] 블록을 뷰어 창 '□ = □ ' 블록의 오른쪽 □에 연결합니다. 연결한 블록을 클릭해 [ON.png]로 입력합니다. 대·소문자를 구분해 입력해야 합니다.

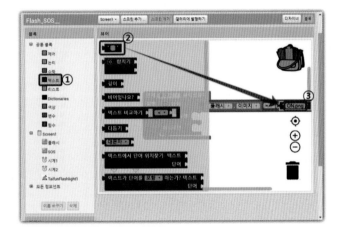

18 플래시를 켜고 끄는 블록을 구성해 보겠습니다. 블록 창에서 [TaifunFlashlight1]을 클릭 후 [호출 TaifunFlashlight1. ON] 블록을 뷰어 창 '이라면 실행'에 연결합니다. [호출 TaifunFlashlight1.OFF] 블록을 뷰어 창 '아니라면'에 연결합니다.

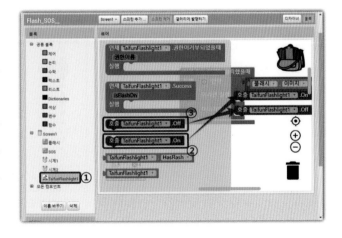

19 블록 창에서 [플래시]를 클릭 후 [지정하기 플래시.이미지 값] 블록을 뷰어 창 '이라면 실행', '아니라면'에 각각 연결합니다.

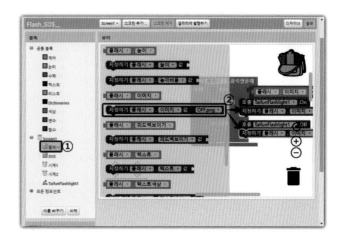

20 드래그한 블록의 파일이름 목록을 클릭해 [OFF.png], [ON.png]로 수정합니다. 버튼을 눌러 플래시를 켜고 끄는 블록 구성이 완료되었습니다.

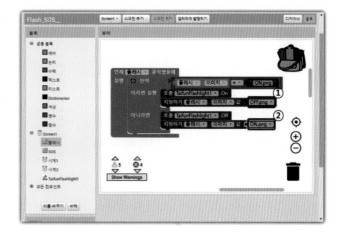

21 이번에는 플래시를 이용해 응급 구조 신호를 보내는 블록을 구성해 보겠습니다. 응급구조 신호는 빠르게 점등(0.5초 간격으로 3회), 천천히 점등(1초 간격으로 3회), 빠르게 점등 (0.5초 간격으로 3회)으로 나타낼 수 있습니다. 먼저 두 개의 변수부터 만들어 보겠습니

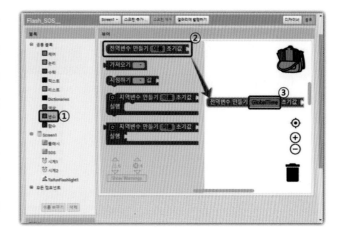

다. 블록 창에서 [변수]를 클릭 후 [전역변수 만들기 이름 초기 값] 블록을 뷰어 창으로 드래그&드롭합니다. 변수 이름은 [GlobalTime]으로 입력합니다.

22 블록 창에서 **[수학]**을 클릭 후 **[0]** 블록을 뷰어 창 '전역변수 만들기 GlobalTime 초기값' 블록에 연결합니다.

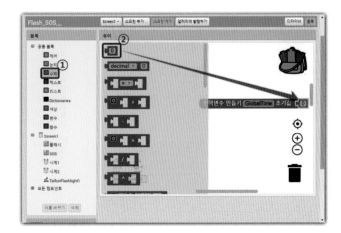

23 변수를 하나 더 만들기 위해 기존 변수 블록을 복제해 사용하겠습니다. 뷰어 창 **[전역변수 만들기 GlobalTime 초기값]** 블록에서 마우스 오른쪽 버튼을 눌러 **[복제하기]**를 클릭합니다.

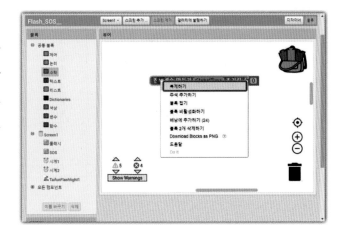

24 복제된 블록의 변수 이름을 **[GlobalTime2]**로 수정합니다.

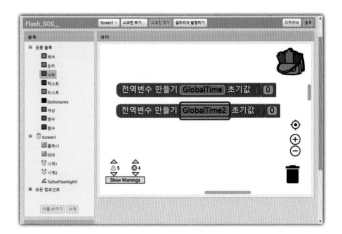

25 일정 시간동안 플래시가 켜지고 꺼지기 위한 함수를 만들어 보겠습니다. 블록 창에서 [함수]를 클릭 후 [함수 만들기 함수 실행] 블록을 뷰어 창으로 드래그&드롭합니다. 함수 이름을 [delay]로 입력합니다.

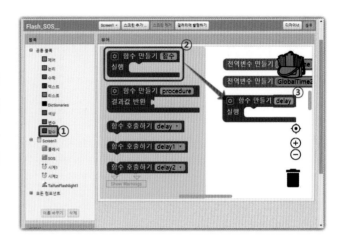

26 블록 창에서 [변수]를 클릭 후 [지정하기 □ 값] 블록을 뷰어 창 '변수 만들기 delay 실행' 안으로 드래그&드롭합니다. 드래그 한 블록의 목록을 클릭해 [전역변수 GlobalTime]을 선택합니다.

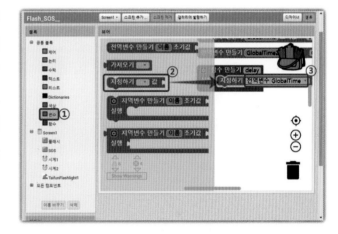

27 블록 창에서 [수학]을 클릭 후 [□ + □] 블록을 뷰어 창 '지정하기 전역변수 Global Time 값' 블록에 연결합니다.

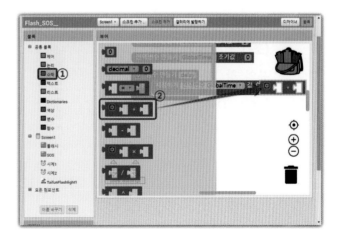

28 블록 창에서 **[시계1]**을 클릭 후 **[호출 시계1.시스템시간가져오기]** 블록을 뷰어 창 '□ + □' 블록의 왼쪽 □에 연결합니다.

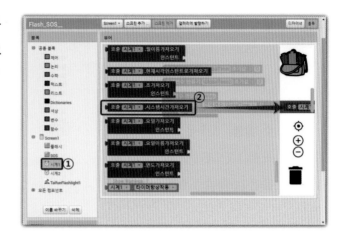

29 블록 창에서 **[수학]**을 클릭 후 **[0]** 블록을 뷰어 창 '□ + □' 블록의 오른쪽 □에 연결합니다. 드래그한 블록을 클릭해 **[500]**을 입력합니다.

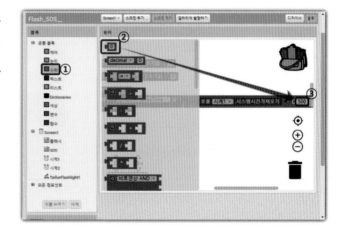

30 블록 창에서 **[제어]**를 클릭 후 **[조건 반복 조건 실행]** 블록을 뷰어 창 '지정하기 전역변수 GlobalTime' 블록 아래로 드래그&드롭합니다.

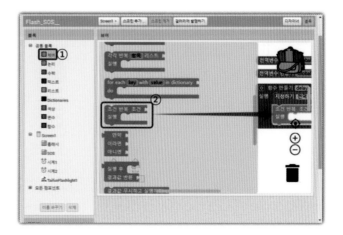

31 블록 창에서 [수학]을 클릭 후 [□ = □] 블록을 뷰어 창 '조건 반복 조건'에 연결합니다. 드래그한 블럭의 [=]을 클릭해 [〈]로 변경합니다.

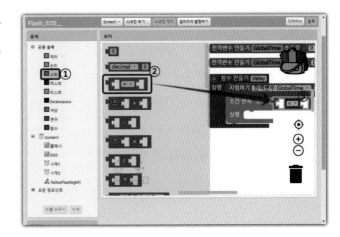

32 블록 창에서 [시계1]을 클릭 후 [호출 시계1.시스템시간가져오기] 블록을 뷰어 창 '□ 〈 □' 블록의 왼쪽 □에 연결합니다.

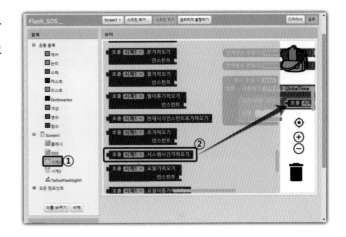

33 블록 창에서 [변수]를 클릭 후 [가져오기 □] 블록을 뷰어 창 '□ 〈 □' 블록의 오른쪽 □에 연결합니다. 드래그한 블록의 목록을 클릭해 [전역변수 GlobalTime]으로 설정합니다.

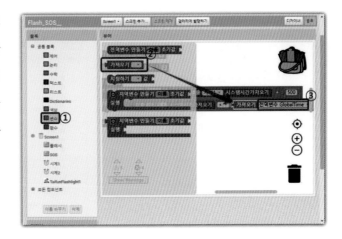

34 delay 함수 블록 구성이 완료
되었습니다. 함수 블록을 복제
해 두 번째 함수를 만들어 보
겠습니다. 뷰어 창 [함수 만들기
delay 실행] 블록에서 마우스
오른쪽 버튼을 클릭 후 [복제하
기]를 클릭합니다.

35 복제된 함수 블록의 이름을
[delay2]로 변경합니다. 함
수 블록 내의 값을 [전역변
수 GlobalTime2], [시계2],
[1000], [시계2], [전역변수
GlobalTime2]로 변경합니다.

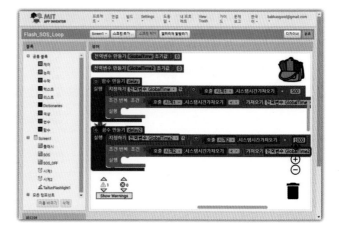

36 함수 구성이 완료되었습니다.
이제 함수를 활용해 구조요청
플래시 신호를 구성해 보겠습
니다. 뷰어 창 [언제 플래시.클
릭했을때 실행] 블록에서 마우
스 오른쪽 버튼을 클릭 후 [복
제하기]를 클릭합니다.

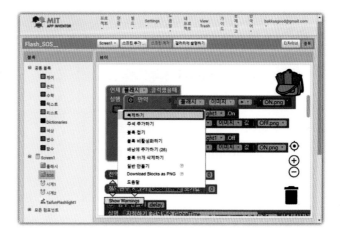

37 복제된 블록의 [플래시]를 클릭해 [SOS]로 변경합니다. 복제된 블록 내 [호출 TaifunFlashlight1.On] 블록을 휴지통으로 드래그&드롭합니다. [호출 TaifunFlashlight1. Off] 블록도 휴지통으로 드래그&드롭합니다.

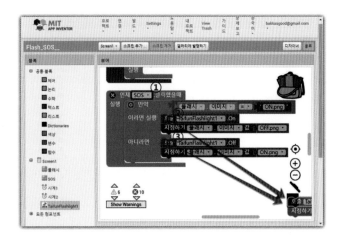

38 '만약'에 연결된 블록에서 [플래시]를 클릭해 [SOS]로 변경합니다. 텍스트 블록의 내용을 [SOSON.png]로 변경합니다.

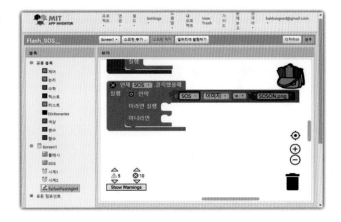

39 블록 창에서 [제어]를 클릭 후 [각각 반복 인덱스 실행] 블록을 뷰어 창 '이라면 실행' 블록에 연결합니다.

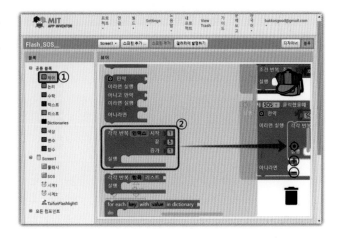

40 블록 창에서 **[TaifunFlash light1]**을 클릭 후 **[호출 Taifunflashlight1.On]**, **[호출 Taifunflashlight1.Off]** 블록을 뷰어 창 '각각 반복 인덱스 실행' 블록 안으로 순서대로 드래그&드롭합니다.

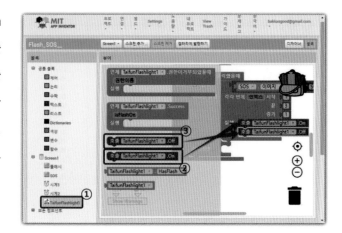

41 블록 창에서 **[함수]**를 클릭 후 **[함수 호출하기 delay]** 블록을 뷰어 창 '호출 Taifunflash light1.Off' 블록 위, 아래에 드래그&드롭합니다.

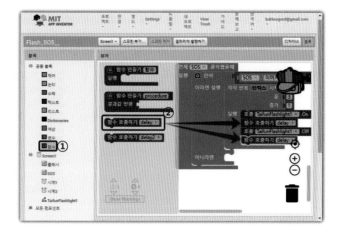

42 뷰어 창 **[각각 반복 인덱스 실행]** 블록에서 마우스 오른쪽 버튼을 클릭 후 **[복제하기]**를 클릭합니다.

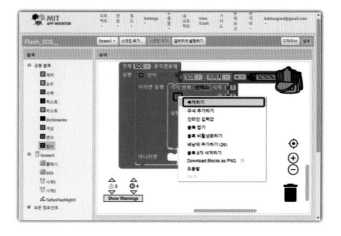

43 복제된 블록을 원본 블록 아래에 배치합니다. 한 번 더 복제해 원본 블록 아래에 배치합니다.

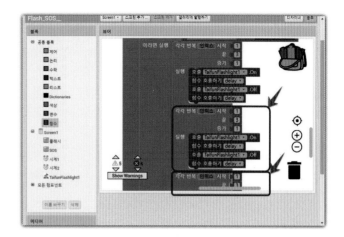

44 복제된 블록 중 첫 번째 블록의 '함수 호출하기 delay' 항목의 목록을 클릭해 [delay2]로 변경(두 곳)합니다.

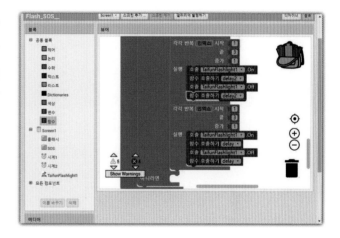

45 블록 창에서 [TaifunFlashlight1]을 클릭 후 [호출 Taifunflashlight1.Off] 블록을 뷰어 창 '아니라면' 블록에 연결합니다.

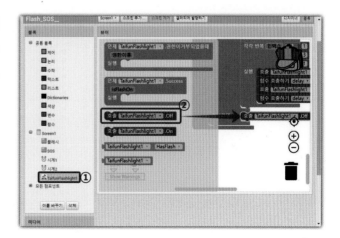

46 마지막으로 버튼을 터치할 때
마다 이미지를 변경하도록 설
정하겠습니다. 뷰어 창에서 '
언제 플래시.클릭했을때 실행'
내의 [지정하기 플래시.이미지
값] 블록에서 마우스 오른쪽 버
튼을 클릭 후 [복제하기]를 클
릭합니다.

47 복제된 블록을 뷰어 창 '언
제 SOS.클릭했을때 실행' 안
의 '이라면 실행' 첫 번째 위
치에 연결합니다. 복제한 블
록의 목록을 클릭해 [SOS],
[SOSOFF.png]로 변경합니다.

48 수정한 [지정하기 SOS.이미지
값] 블록에서 마우스 오른쪽 버
튼을 클릭 후 [복제하기]를 클
릭합니다.

254

49 복제된 블록을 뷰어 창 '언제 SOS.클릭했을때 실행' 안의 '아니라면'에 연결합니다. 복제한 블록의 목록을 클릭해 [SOSON.png]로 변경합니다.

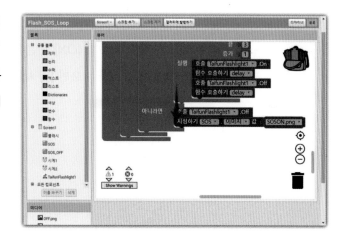

50 블록 구성이 완료되었습니다. 앱 테스트를 위해 [빌드]-[Android App (.apk)]를 클릭합니다. 아이폰 사용자는 [연결]-[AI 컴패니언]을 이용합니다.

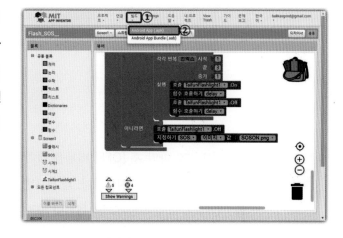

51 앱 빌드 작업이 진행됩니다. 앱 빌드가 완료되면 QR코드가 표시됩니다. PC 작업이 완료되었습니다.

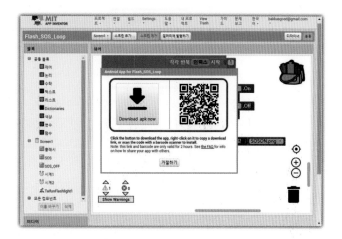

52 스마트폰에서 [MIT AI2 Companion] 또는 [App Inventor] 앱을 이용해 제작 앱을 설치하거나 실행합니다. 앱을 실행합니다. [ON] 버튼을 터치합니다. 플래시 제어를 위해 사진 촬영 및 동영상 녹화 허용 메시지가 나오면 **[앱 사용 중에만 허용]**을 터치합니다.

53 플래시가 켜졌는지 확인 후 [OFF] 버튼을 터치합니다. 응급 구조 버튼의 정상적인 동작 확인을 위해 [SOS] 버튼을 터치합니다. 짧게 3번, 길게 3번, 짧게 3번 플래시가 켜지고 꺼지는지 확인합니다. 확인이 완료되면 [SOS] 버튼을 터치합니다.

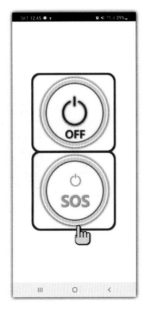 

04

인공지능 앱 만들기

1.1 인공지능이란?

인공지능(Artificial Intelligence)이란 사람과 비슷한 사고의 방식 즉, 스마트한 방법으로 소프트웨어를 작동 시키는 폭넓은 방법을 말합니다.

미국 국립과학재단의 정보 및 지능형시스템 부문 책임자 '린 파커'의 말을 인용하면 머신 러닝, 컴퓨터 비전, 자연어 처리, 로봇 공학 및 그와 관련된 주제들이 모두 인공지능(AI)의 범주에 속한다고 볼 수 있습니다. 인공지능 기술은 기계 지능(Mechanical Intelligence)과 컴퓨터 지능(Computational Intelligence)이라는 용어를 사용하면서부터 알려지게 됐으며, 기계(컴퓨터)를 이용한 학습인 '머신 러닝(Machine learning)'과 여러 비선형 변환기법을 조합해 높은 수준의 추상화(Abstractions)를 시도하는 기계학습 알고리즘의 집합인 '딥러닝(Deep learning)'을 통해 인간의 사고방식을 기계(컴퓨터)에게 가르치는 지능형 서비스와 로봇의 형태로 발전하고 있습니다.

1.2 인공지능 기술의 3단계

인도 인공지능 소프트웨어 기업 'Xenon-Stack'은 인공지능 기술의 3가지 단계를 설명하고 있습니다. 참고로 현재 인공지능 기술은 두 번째 '머신 인텔리전스(Machine Intelligence)' 단계에 이르렀다고 설명하고 있습니다.

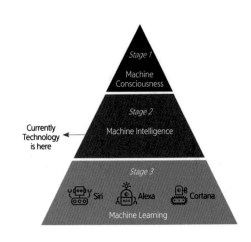

단계	설명
1단계	기계 학습(Machine Learning) 기계가 경험을 통해 배우는 지능형 시스템의 알고리즘 세트
2단계	머신 인텔리전스(Machine Intelligence) 기계가 경험을 통해 배우는 고급형 알고리즘 세트 (예 : 딥러닝)
3단계	기계 의식(Machine Consciousness) 외부 데이터 필요 없이 경험을 통한 자체 학습

1) 1단계(Machine Learning)

기계학습(Machine Learning)은 현재 우리가 많이 사용하는 인공지능 기술로 사람의 음성을 인식하고 사용자가 제공하는 데이터 학습을 통해 지능을 높여가는 인공지능입니다. 대표적으로는 아이폰의 음성인식 시리(Siri), 아마존의 인공지능 알렉사(Alexa), 네이버 클로바(Clova), 안드로이드 폰의 음성인식 구글 어시스턴트(Google Assistant), 삼성 빅스비(Bixby) 등이 있습니다.

2) 2단계(Machine Intelligence)

기계가 경험을 통해 배우는 고급형 알고리즘으로 딥러닝으로 표현되는 학습 방식입니다. 인공지능 로봇 소피아(Sophia), 인공지능 식료품점 아마존 고(Amazon Go), 인공지능 베스트셀러 출판사 인키트(Inkitt) 등이 있습니다.

3) 3단계(Machine Consciousness)

기계가 외부의 데이터 필요없이 경험으로 학습을 할 수 있는 방식입니다. 1단계 학습 방식으로 학습했던 바둑 인공지능 알파고에 이어 이듬해에 만들어진 알파고 제로는 인간의 기보 입력없이 자체 학습만으로 기력을 향상시킨 딥러닝 학습 방식을 도입하였습니다. 그리고 알파고 제로를 발표한지 한달 반 만에 딥마인드는 알파고 제로를 한층 더 개량한 '알파제로(AlphaZero)'를 발표했습니다. 알파제로는 바둑뿐만 아니라, 체스나 장기까지 학습할 수 있었으며, 당시 바둑, 체스, 장기 등 게임 AI 세계 챔피언이었던 알파고 제로, 스톡피쉬, 엘모 등에 모두 승리를 거두었습니다. 이어 발표된 뮤제로(Muzero)는 학습 데이터는 물론 규칙도 알 필요없이 바둑, 체스, 쇼기, 아타리를 마스터한 새로운 인공지능을 발표했습니다.

특히, 그동안 계획 기능을 갖춘 에이전트를 구성하는 것은 오랫동안 인공지능을 추구하는 데 있어 주요한 과제 중 하나였습니다. 뮤제로 논문을 통해 딥마인드는 AI 범용 알고리즘의 추구에 있어 중요한 진보에 대해 제시했다고 얘기했습니다.

1.3 인공지능 학습 방법

1) 지도학습(Supervised Learning)

AI가 학습할 수 있도록 데이터를 제공하고 해당 데이터로 학습을 진행하는 방식입니다. 인간 선생님이 기계 학생에게 문제와 함께 정답지를 제공해 학습하는 방식으로 학습 문제의 패턴을 찾아내고 다른 문제에도 적용하는 형태입니다. 많은 문제와 답안지를 제공해야 새로운 문제의 정답을 맞힐 확률도 높아지는 학습 방법입니다.

2) 비 지도학습(Unsupervised Learning)

AI가 학습할 수 있도록 데이터만 제공하고 학습은 스스로 진행해 원하는 패턴을 찾아내도록 하는 학습 방식입니다. 기계의 야간 자율학습(스스로 문제를 풀어보고 학습하는 방식) 또는 자기주도 학습이라고 이해하면 좋습니다. 세상의 많은 부분은 정답이 없는 경우가 있습니다. 예를 들면 유튜브가 사용자의 취향에 따라 추천해줘야할 영상은 각기 다릅니다. 사용자의 취향을 분석해 사용자가 좋아할 영상을 제공해야 합니다. 스스로 데이터를 군집화해서 패턴을 찾아내고 다음 행동에 변화를 일으키는 방식입니다.

3) 강화 학습(Reinforcement Learning)

행동심리학에서 영감을 받았으며, 어떤 환경 안에서 정의된 에이전트가 현재의 상태를 인식하여, 선택 가능한 행동들 중 보상을 최대화하는 행동 혹은 행동 순서를 선택하는 방법입니다. 현재의 상태(State)에서 어떤 행동(Action)을 취하는 것이 최적인지를 학습하고, 행동을 취할 때마다 외부 환경에서 보상(Reward)을 주어 보상을 최대화 하는 방향으로 학습을 하는 방법입니다.

4) 신경망 학습(Neural Network Learning)

인공신경망(Artificial Neural Network)의 개념은 뇌를 구성하는 신경 세포, 즉 뉴런(Neuron)의 동작 원리에 기초합니다. 뉴런의 기본 동작은 가지돌기에서 신호를 받아들이고, 이 신호가 축삭돌기를 지나 축삭말단으로 전달되는 것입니다. 그런데 신호가 축삭돌기를 지나는 동안 약해지거나, 너무 약해서 축삭말단까지 전달되지 않거나, 또는 강하게 전달되기도 합니다. 그리고 축삭말단까지 전달된 신호는 연결된 다음 뉴런의 가지돌기로 전달됩니다. 우리 인간은 이러한 원리를 지닌 수억 개의 뉴런 조합을 통해 손가락을 움직이거나 물체를 판별하는 등 다양한 조작과 판단을 수행합니다.

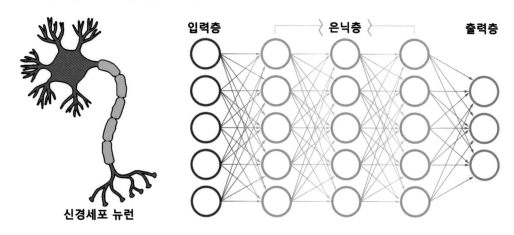

신경세포 뉴런

5) 딥러닝(Deep Learning)

인공지능을 구성하기 위한 인공신경망에 기반하여 컴퓨터에게 사람의 사고방식을 가르치는 방법이라고 할 수 있습니다. 즉 직접 사람이 일일이 기계에 입력을 하고 가르치지 않아도 기계가 스스로 사람처럼 학습할 수 있는 기술과 학습 방법입니다. 간단하게 말하면 내가 딸기 사진을 입력에 넣었다면 출력에는 딸기라는 결과가 나와야 맞는 것입니다. 딸기가 맞다면 그냥 넘어가면 되지만, 딸기가 아니라고 결과가 나왔다면 이것은 문제가 있는 것이므로 다시 뒤로 돌아가면서 각 인공 신경의 가중치(weight)와 임계값(bias) 값을 수정하게 됩니다. 이러한 과정을 반복하며 weight와 bias 값을 조정하고 딸기라는 결과가 나오도록 '학습' 하는 것이 딥러닝 학습 방법입니다.

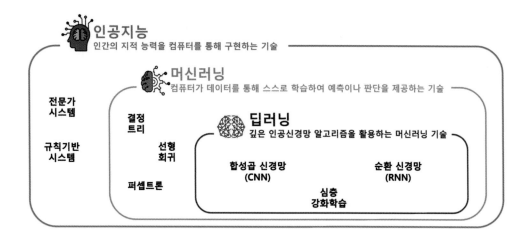

1.4 인공지능 식료품점 아마존고(AmazonGo)

1) 무인 결재 시스템

2016년 12월 5일 미국 시애틀에 계산대가 없는 신기한 식료품 가게가 문을 열었습니다. 바로 온라인 쇼핑몰의 절대 강자 아마존이 오픈한 '아마존 고(Amazon Go)' 매장입니다. 아마존 고 매장에는 계산대가 없습니다. 계산대가 없으니 포스 기기와 계산 직원이 없다는 얘기입니다. 그렇다면 어떻게 고객이 물건을 구매하는 것일까요? 아마존 고는 일반적인 스마트태그 방식을 도입하지 않았습니다. 대신 머신 러닝과 컴퓨터 비전, 인공지능과 자율주행 등의 첨단기술을 적용했습니다. 아마존 고를 이용하기 위해서는 사용자의 결제정보가 등록된 '아마존 고' 앱을 실행해야 합니다. 고객은 입구에서 앱을 켜고 체크인을 합니다. 그리고 원하는 상품을 골라 집어 들거나 자신의 백에 담기만 하면 됩니다. 상품이 마음에 들지 않으면 다시 진열대에 올려놓으면 됩니다. 그렇다면 결제는 어느 순간에 이루어지는 것일까요?

고객이 진열대에서 상품을 집어 드는 순간에 앱 내의 상품 구매목록 즉, 가상의 카트에 담기게 되고, 매장을 떠나는 순간에 자동으로 결제가 이루어지게 됩니다. 어떻게 이런 일이 일어날 수 있을까요? 그 수많은 상품과 그 수많은 고객들이 어떻게 연결될 수 있으며, 어떻게 오류 없이 작동할 수 있는 것일까요? 원리는 이렇습니다. 아마존은 앞서 소개한 첨단기술들을 융합해 개발한 '저스트 워크아웃 테크놀로지(Just Walk Out Technology)'를 매장에 적용했습니다.

저스트 워크아웃 테크놀로지는 고객이 쇼핑하는 동안 자율주행 센서가 부착된 원형 카메라가 쇼핑객의 동선을 따라다니며 진열대의 상품을 집어 들거나 내려놓는 행위를 정확히 인식해 반영하는 기술입니다. 이 기술 덕분에 고객은 쇼핑이 자유롭고 결제의 번거로움 없이 매장을 떠날 수 있으며, 매장은 결제와 정산 관리를 위한 직원이 필요 없게 돼 엄청난 비용절감을 실현시킬 수 있었습니다.

1.5 인공지능 베스트셀러 출판사 인키트(inkitt)

1) 인공지능 편집자 솔루션

지금까지 총 24권을 출간해 이 중 22권이 현재 아마존에서 분야별 20~50위의 베스트셀러로 등극한 출판사가 있습니다. 22권 중 20권은 출간 직후 첫 9일 동안 분야별 베스트셀러 5위안에 들었습니다. 2016년 여름부터 책을 출간해온 미국 기반의 신생 출판사 '인키트(Inkitt)'의 이야기입니다. 베스트셀러 등록률이 무려 91.7%나 됩니다. 일반 출판사들은 상상할 수가 없는 기록입니다.

그런데 이 출판사는 앞으로 99.99%의 기록에 도전하겠다는 포부를 밝혔습니다. 그동안 진행됐던 편집자의 주관적인 판단을 제거하고 객관적인 인공지능 솔루션과 독자들의 판단에 맡겨 오류를 없앴습니다. 또한 인키트는 누구나 작가가 될 수 있도록 문을 개방했습니다. 유명하든 유명하지 않든 상관없이 누구나 인키트 플랫폼에 장르나 형식에 구애받지 않고 스토리를 올릴 수 있습니다. 현재 인키트에 등록된 저자는 4만 명, 연재가 끝났거나 진행 중인 스토리가 15만 개나 됩니다.

독자는 선호하는 장르를 선택하면 다양한 스토리들을 추천받을 수 있으며, 스토리를 읽은 후에는 구성, 문체, 문법, 전반적인 느낌 등에 대해 별점을 매길 수 있습니다. 이후 인공지능은 독자들의 반응을 분석해 베스트셀러 가능 여부를 판단합니다. 독자들이 해당 스토리를 얼마나, 얼마 동안 읽었는지 그리고 얼마나 몰입했는지, 재접속해서 다시 계속 읽었는지 등을 종합적으로 분석합니다. 이렇게 해서 책이 만들어지면 AI는 독자 데이터를 바탕으로 목표 타깃을 선별하고 출판사가 마케팅을 진행합니다. 책은 e북과 종이책 두 가지로 제작되며 저자에게 돌아가는 인세는 e북은 25%, 종이책은 51%나 됩니다. 이런 방식을 통해 인키트는 지금까지 22권의 책을 쓴 16명의 신예 베스트셀러 작가를 배출할 수 있었습니다. 기존 출판사가 결코 이룰 수 없었던 엄청난 파괴적 혁신을 달성할 수 있었습니다.

1.6 인공지능 완전 자동주행 자동차(구글 웨이모)

1) 레벨4 기반 인공지능 자율주행 자동차

2020년 6월 알파벳(구글 모회사)의 자율주행자동차 부문 계열사인 웨이모가 볼보자동차와 손잡고 로보택시(무인택시)를 개발했습니다. 로보택시는 사람이 직접 운전할 필요 없이 자율주행 기술을 통해 스스로 운행하는 택시입니다.

로이터통신 등에 따르면 웨이모와 볼보는 최근 제휴를 맺고 자율주행 소프트웨어를 기반으로 전기자동차에 최적화한 차량호출 서비스를 개발 했습니다. 두 회사는 운전자 개입 없는 완전 자율주행인 레벨4 수준의 로보택시를 선보였습니다. 웨이모는 29개 카메라와 5개의 라이다, 6개의 레이더를 탑재했습니다. 섭씨 50도 이상에서도 정상 주행이 가능합니다. 또 카메라로 500m 이상 떨어진 보행자와 신호를 인식하고, 300m 이상의 라이다 범위를 가졌습니다.

웨이모는 2018년부터 미니밴(승합차)으로 애리조나주 챈들러에서 자율주행 시험 운행을 하다가 2020년부터 일반인을 상대로 운전사 없는 자율주행 호출 서비스를 시작했습니다. 2021년 8월에는 미 샌프란시스코에서도 시범 운행을 시작했습니다.

1.7 인공지능 보행 로봇(보스턴다이내믹스 아틀라스)

1) 휴머노이드 로봇 아틀라스

세계 최고의 동작 능력을 자랑하는 인간형 로봇 '아틀라스'가 처음으로 장애물 코스를 완주하는 데 성공했습니다. 2013년 처음 선보인 아틀라스는 2018년 한 발로 계단 뛰어오르기 등 초보적인 파쿠르(인공조형물을 이용해 이동하는 곡예) 동작을 선보였습니다. 그로부터 3년후인 2021년 여러 장애물로 구성된 코스를 통과하는 수준으로 동작 기술의 진화를 이뤄냈습니다. 아틀라스는 2021년 현대차 그룹의 일원이 된 미국 보스턴다이내믹스의 2족 보행 휴머노이드형 로봇입니다. 보스턴다이내믹스는 매사추세츠 본사 2층에 설치한 장애물 코스를 몇달간의 연습 끝에 아틀라스 로봇 2대가 '거의' 완벽하게 통과했다고 발표했습니다.

아틀라스가 이전과 가장 달라진 점은 주변 상황을 감지하고 이에 반응해 움직일 수 있게 됐다는 점입니다. 이제는 과거처럼 엔지니어가 로봇이 맞닥뜨릴 수 있는 상황을 계산해 동작을 미리 프로그래밍할 필요가 없습니다. 개발팀은 대신 아틀라스가 상황에 맞는 것을 골라 실행할 수 있는 표본 행동 템플릿을 만들어, 현장에서 즉시 활용할 수 있도록 했습니다. 이전에도 인공지능 기술을 활용했지만 최근 본격적으로 인공지능의 머신러닝 기술을 활용하기 시작한 것입니다.

2절 인공지능 앱 제작

2.1 인공지능을 이해할 수 있는 챗봇 앱 만들기

최근 은행이나 대기업의 서비스 분야에서 인공지능 챗봇 도입이 많아지고 있습니다. 인공지능 챗봇은 해당 서비스 이용자들의 질문이나 원하는 서비스를 미리 등록해놓고 원하는 서비스를 챗봇 서비스에 입력하면 해당 서비스를 자세히 설명해주는 형태의 서비스입니다. 챗봇 서비스는 대부분 인공지능 서비스 중 1단계로 기계학습(Machine Learning)을 이용합니다. 현재 많이 사용하는 인공지능 기술로 사람의 음성을 인식하고, 사용자가 제공하는 데이터 학습을 통해 서비스 및 지능을 높여가는 인공지능 방식입니다.

인공지능 기술을 이해하고 체험해 볼 수 있는 챗봇을 구현해 보겠습니다. 챗봇을 구현하기 위해서는 질문의 키워드와 답변 내용을 저장할 데이터베이스가 필요합니다. 앱 인벤터에서는 앱을 설치하고 사용하는 스마트폰에 데이터를 저장하는 타이니DB가 있고, MIT 클라우드 데이터베이스나 또는 직접 구축한 서버의 데이터베이스에 저장할 수 있는 클라우드DB가 있습니다. 타이니웹DB도 있으나 저장 가능한 데이터가 2000개, 하나의 데이터는 500글자로 제한이 되어있습니다. 이번 프로젝트인 챗봇 서비스는 클라우드DB를 이용해 여러 스마트폰에서 해당 서비스를 이용할 수 있도록 구성해 보겠습니다.

<국민은행, 현대카드, 삼성전자 챗봇 서비스>

266

스마트폰 챗봇의 원리를 이해하고 활용할 수 있는 챗봇 데이터 저장 및 서비스를 제공하는 앱을 만들어 보겠습니다.

01 새로운 프로젝트를 만들기 위해 [프로젝트]-[새 프로젝트 시작하기]를 클릭합니다. 프로젝트 이름을 입력하는 창이 나오면 [Ai_ChatBot]을 입력 후 [확인]을 클릭합니다.

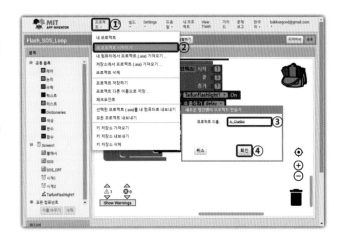

02 아래 표의 내용을 참고해 팔레트 창에서 컴포넌트 배치합니다. 배치된 컴포넌트는 컴포넌트 창과 같아야 합니다. 컴포넌트 배치가 완료되면 각 컴포넌트의 속성도 설정합니다.

표형식배치1

레이블2	
레이블3	텍스트박스(질문입력)
레이블4	텍스트박스(답변입력)
	버튼(학습등록)

표형식배치2

레이블6	
레이블7	텍스트박스(챗봇질문)
레이블8	레이블(챗봇답변)
	버튼(결과버튼)

팔레트	컴포넌트	컴포넌트 이름변경	속성
	Screen1		수평정렬 [가운데 : 3], 수직정렬 [가운데 : 2], 앱 이름 [인공지능 챗봇], 배경이미지 [Background. png], 아이콘 [icon.png], 스크린방향 [세로], 제목 [인공지능 챗봇 '지니봇']
사용자 인터페이스	레이블		글꼴크기 [50], 텍스트 [-], 텍스트색상 [없음]
레이아웃	수평배치1		수평정렬 [가운데 : 3], 수직정렬 [가운데 : 2], 너비 [80 퍼센트], 이미지 [training.png]
	표형식배치		열 [2], 행 [4]
사용자 인터페이스	레이블		텍스트 [-], 텍스트색상 [없음]
	레이블		텍스트 [질문 :]
	텍스트박스	질문입력	너비 [60 퍼센트], 힌트 [학습시킬 질문을 입력하세요.], 텍스트 [ ]
	레이블		텍스트 [답변 :]
	텍스트박스	답변입력	너비 [60 퍼센트], 힌트 [학습시킬 답변을 입력하세요.], 텍스트 [ ]
	버튼	학습등록	텍스트 [학습등록]
사용자 인터페이스	레이블		텍스트 [-], 텍스트색상 [없음]
레이아웃	수평배치		수평정렬 [가운데 : 3], 수직정렬 [가운데 : 2], 너비 [80 퍼센트], 이미지 [qna.png]
	표형식배치		열 [2], 행 [4]
사용자 인터페이스	레이블		텍스트 [-], 텍스트색상 [없음]
	레이블		텍스트 [질문 :]
	텍스트박스	챗봇질문	너비 [60 퍼센트], 힌트 [Ai에 질문할 내용을 입력하세요.], 텍스트 [ ]
	레이블		텍스트 [답변 :]
	레이블	챗봇답변	너비 [60 퍼센트], 텍스트 [ ]
	버튼	결과버튼	텍스트 [Ai 챗봇에 질문하기]
사용자 인터페이스	알림		
저장소	클라우드DB		

03 컴포넌트 배치와 속성 설정이 완료되면 블록 코딩을 위해 디자이너 화면 오른쪽 상단 [블록]을 클릭합니다. 학습시킬 내용을 입력하고 데이터베이스에 저장하는 작업을 먼저 해보겠습니다. 블록 창에서 [학습등록]을 클릭 후 [언제 학습등록.클릭했을때 실행] 블록을 뷰어 창으로 드래그&드롭합니다.

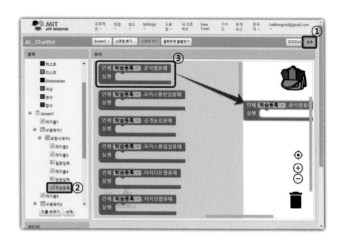

04 블록 창에서 [클라우드DB1]을 클릭 후 [호출 클라우드DB1.값 저장하기] 블록을 뷰어 창 '언제 학습등록.클릭했을때 실행' 안으로 드래그&드롭합니다.

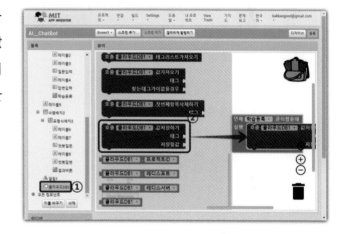

05 블록 창에서 [질문입력]을 클릭 후 [질문입력.텍스트] 블록을 뷰어 창 '태그' 블록에 연결합니다.

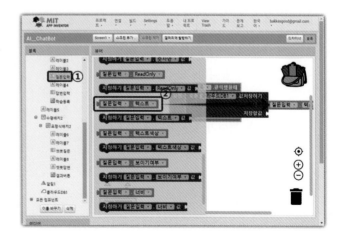

06 블록 창에서 [답변입력]을 클릭 후 [답변입력.텍스트] 블록을 뷰어 창 '저장할값'에 연결합니다.

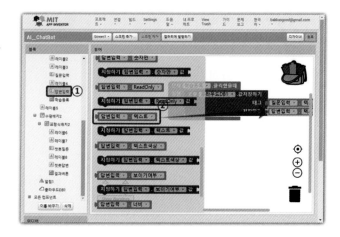

07 데이터베이스에 값을 저장하고 난 후 저장이 되었다는 메시지를 화면에 띄워주도록 하겠습니다. 블록 창에서 [알림1]을 클릭 후 [호출 알림1.경고창보이기] 블록을 뷰어 창 '호출 클라우드DB1.값저장하기' 아래에 드래그&드롭합니다.

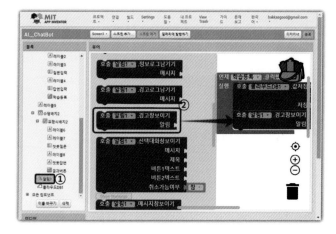

08 블록 창에서 [텍스트]를 클릭 후 [' '] 블록을 뷰어 창 '알림'에 연결합니다. 연결이 완료되면 드래그한 블록을 클릭 후 [학습 정보가 저장되었습니다.]를 입력합니다.

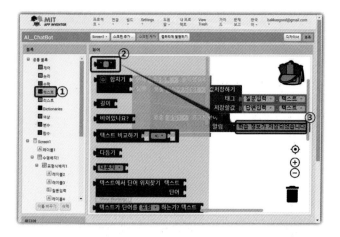

270

09 이번에는 데이터베이스에 저장된 값을 가져와 표시하는 블록을 구성해 보겠습니다. 블록 창에서 [결과버튼]을 클릭 후 [언제 결과버튼.클릭했을때 실행] 블록을 뷰어 창으로 드래그&드롭합니다.

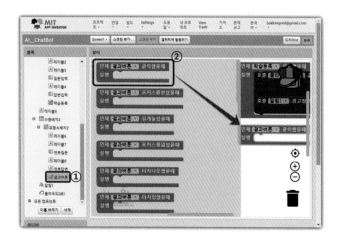

10 블록 창에서 [클라우드DB1]을 클릭 후 [호출 클라우드DB1.값 가져오기] 블록을 뷰어 창 '언제 결과버튼.클릭했을때 실행' 안으로 드래그&드롭합니다.

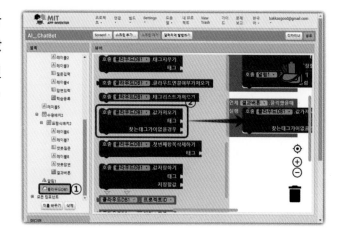

11 블록 창에서 [챗봇질문]을 클릭 후 [챗봇질문.텍스트] 블록을 뷰어 창 '태그'에 연결합니다.

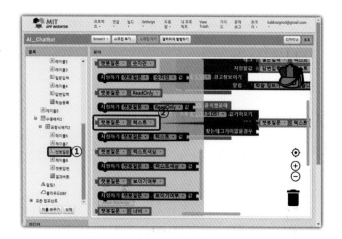

12 블록 창에서 [텍스트]를 클릭 후 [' '] 블록을 뷰어 창 '찾는태그가 없을경우'에 연결합니다. 연결한 블록을 클릭 후 [제가 답변할 수 없는 질문이에요~]를 입력합니다.

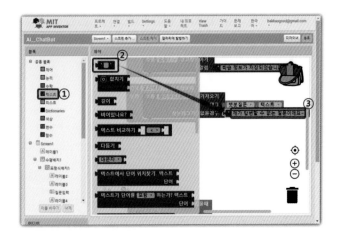

13 데이터베이스로부터 가져온 값을 레이블에 표시하는 블록을 구성해 보겠습니다. 블록 창에서 [클라우드DB1]을 클릭 후 [언제 클라우드DB1.값을받았을 때 실행] 블록을 뷰어 창으로 드래그&드롭합니다.

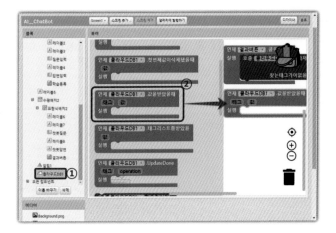

14 블록 창에서 [챗봇답변]을 클릭 후 [지정하기 챗봇답변.텍스트 값] 블록을 뷰어 창 '언제 클라우드DB1.값을받았을때 실행' 블록 안으로 드래그&드롭합니다.

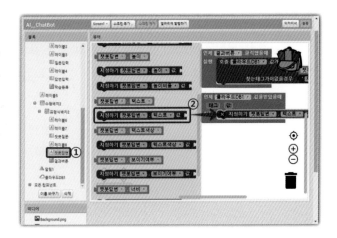

15 뷰어 창 '언제 클라우드DB1. 값을받았을때 실행' 블록 안의 **[값]**에 마우스 커서를 가져가 팝업 창에서 **[가져오기 값]** 블록을 '지정하기 챗봇답변.텍스트 값' 블록에 연결합니다.

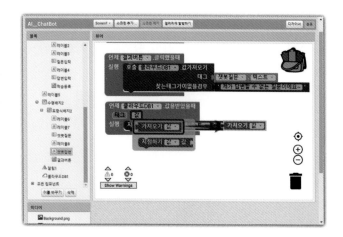

16 블록 구성이 완료되었습니다. 앱 테스트를 위해 **[빌드]-[Android App (.apk)]**를 클릭합니다. 아이폰 사용자는 **[연결]-[AI 컴패니언]**을 이용합니다.

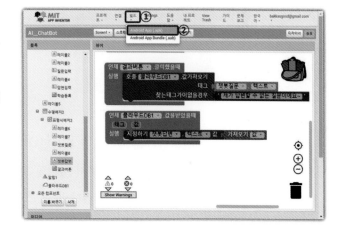

17 앱 빌드 작업이 진행됩니다. 앱 빌드가 완료되면 QR코드가 표시됩니다. PC 작업이 완료되었습니다.

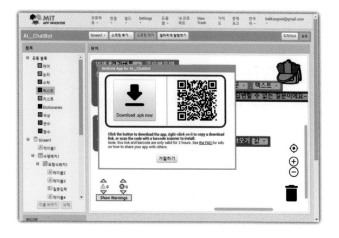

18 스마트폰에서 [MIT AI2 Companion] 또는 [App Inventor] 앱을 이용해 제작 앱을 설치하거나 실행합니다. 앱이 실행되면 '학습시키기' 항목의 질문과 답변을 입력합니다. 입력이 완료되면 [학습등록]을 터치합니다.

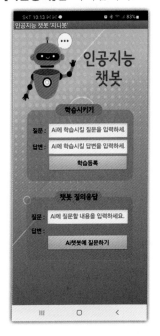 

19 학습 정보가 저장되었다는 메시지가 표시됩니다. 질문을 수정 후 [학습등록]을 터치합니다. 질문은 사용자가 앱을 이용해 질문시 입력할 항목을 생각해 모두 입력해줍니다. 예를 들어 속초 여행에 관련된 정보를 얻고 싶다면 '속초여행, 속초 여행, 속초 여행지, 속초 추천 여행지, 속초 추천 여행지, 속초 여행지 추천 베스트, 속초 베스트 여행지' 등을 등록합니다.

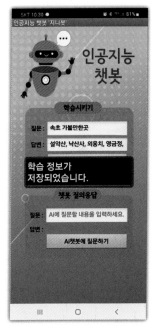 

20 학습 내용 등록이 완료되면 챗봇을 테스트해 보겠습니다. '챗봇 질의응답'의 질문에 질문 문장을 입력합니다. 입력이 완료되면 **[Ai챗봇에 질문하기]**를 터치합니다. 답변이 표시되는 것을 확인할 수 있습니다. 데이터베이스에 등록되어있지 않은 질문을 입력하고 **[Ai챗봇에 질문하기]**를 터치하면 '제가 답변할 수 없는 질문이에요~'라는 답변을 하게 됩니다.

 추가해 보세요~

❓ 챗봇 질의응답에 질문을 입력 후 [Ai챗봇에 질문하기]를 터치시 화면에 답변 텍스트를 나타낼 때 음성으로 답변 텍스트를 읽어주도록 해보세요.

❗ 텍스트를 읽어주는 컴포넌트인 '음성변환' 컴포넌트 추가 후 아래 블록을 구성하면 챗봇에게 질문시 답변을 글과 음성으로 안내 받을 수 있습니다.

2.2 인공지능 이미지 분석 앱 만들기

스마트폰 카메라 인공지능 기술을 이용하는 머신 비전은 고성능 카메라, 이미지 프로세서, 소프트웨어 등으로 구성된 시스템입니다. 머신 비전 카메라, 렌즈, 조명을 사용하여 적절한 이미지를 획득한 후, 수행하고자 하는 작업의 목적에 맞춰 이미지 프로세서, 소프트웨어가 영상처리 및 분석 과정을 거쳐 원하는 작업을 수행할 수 있는 정보를 제공해 줍니다.

카메라 비전 기술을 이용하면 꽃 이름 찾기, 물품 이름 찾기, AR 내비게이션, 기업의 생산품 불량 체크, 자동차 자율주행 등의 서비스에 사용될 수 있습니다. 스마트폰 카메라를 이용해 원하는 물품의 이름을 분석하는 앱을 만들어 보겠습니다.

01 앱 인벤터에서는 공식적으로 Ai 관련 앱을 제작하고 활용할 수 있도록 확장프로그램을 제공하고 있습니다. 이미지 분석 확장프로그램을 등록하고 앱을 제작해 보겠습니다. 새로운 프로젝트를 만들기 위해 **[프로젝트]-[새 프로젝트 시작하기]**를 클릭합니다. 프로젝트 이름을 입력하는 창이 나오면 **[Ai_ImageClassification]**을 입력 후 **[확인]**을 클릭합니다.

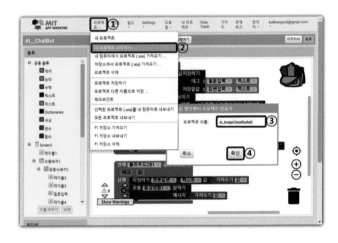

02 먼저 인공지능 이미지 분석 확장 프로그램을 등록해 보겠습니다. 팔레트 창에서 **[확장 기능]**을 클릭 후 **[확장기능 추가하기]**를 클릭합니다. 프로젝트에 확장 프로그램 불러오기 창이 나오면 **[파일 선택]**을 클릭합니다.

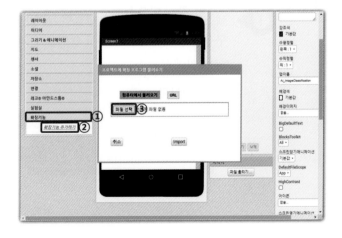

03 열기 창이 나오면 [LookExten sion.aix] 파일을 선택 후 [열 기]를 클릭합니다.

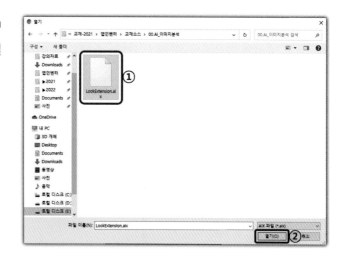

04 선택한 'LookExtension. aix' 파일명이 표시됩니다. [Import]를 클릭합니다.

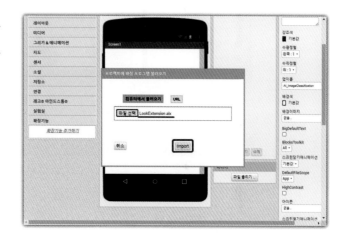

05 팔레트 창 확장기능에 등록된 [Look]을 뷰어 창 스마트폰 화 면 안으로 드래그&드롭합니 다. 컴포넌트 창에 'Look1' 컴 포넌트가 등록됩니다.

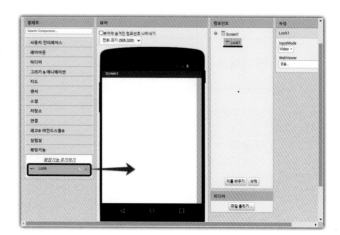

06 컴포넌트 창과 표의 순서대로 팔레트 창에서 드래그해 컴포넌트를 배치합니다. 컴포넌트 배치가 완료되면 각 컴포넌트의 속성도 설정합니다.

팔레트	컴포넌트	컴포넌트 이름변경	속성
	Screen1		수평정렬 [가운데 : 3], 수직정렬 [위 : 1], 앱이름 [Ai 사물분석], 아이콘 [icon.png], 스크린방향 [세로], 제목 [인공지능 사물분석 지니캠]
사용자 인터페이스	웹뷰어		높이 [75 퍼센트], 너비 [부모 요소에 맞추기]
	레이블		배경색 [없음], 글꼴크기 [16], 텍스트 [Ai 버튼을 누르면 분석을 시작합니다.]
레이아웃	수평배치		수평정렬 [가운데 : 3], 배경색 [없음], 너비 [부모 요소에 맞추기]
사용자 인터페이스	버튼	카메라 토글	높이 [100 픽셀], 너비 [100 픽셀], 이미지 [Camera.png], 텍스트 [ ]
	레이블		배경색 [없음], 너비 [20 퍼센트], 텍스트 [ ]
	버튼	분석	높이 [100 픽셀], 너비 [100 픽셀], 이미지 [Classification.png], 텍스트 [ ]
확장기능	Look		Webviewer [웹뷰어1]

07 컴포넌트 배치와 속성 설정이 완료되면 블록 코딩을 위해 디자이너 화면 오른쪽 상단 [블록]을 클릭합니다. 스마트폰 앞뒤쪽 카메라를 바꾸는 버튼의 작업을 먼저 해보겠습니다. 블록 창에서 [카메라토글]을 클릭 후 [언제 카메라토글.클릭했을때 실행] 블록을 뷰어 창으로 드래그&드롭합니다.

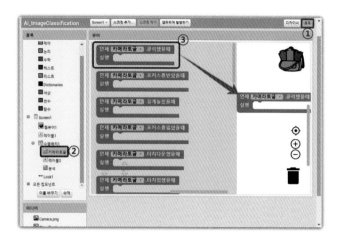

08 블록 창에서 [Look1]을 클릭 후 [호출 Look1.ToggleCameraFacingMode] 블록을 뷰어 창 '언제 카메라토글.클릭했을때 실행' 안으로 드래그&드롭합니다.

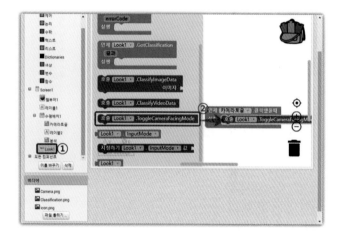

09 이번에는 분석 버튼 기능을 구성해 보겠습니다. 블록 창에서 [분석]을 클릭 후 [언제 분석.클릭했을때 실행] 블록을 뷰어 창으로 드래그&드롭합니다.

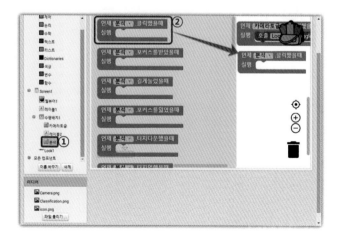

10 블록 창에서 [Look1]을 클릭 후 [호출 Look1.Classify VideoData] 블록을 뷰어 창 '언제 분석.클릭했을때 실행' 안으로 드래그&드롭합니다.

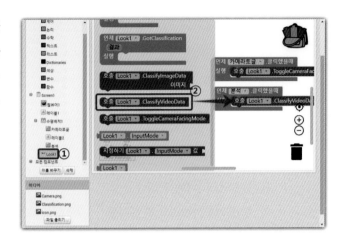

11 분석 버튼은 스마트폰 카메라가 동작 가능한 상태일 때 활성화 되어야 합니다. 해당 기능을 구현해 보겠습니다. 블록 창에서 [Look1]을 클릭 후 [언제 Look1.ClassifierReady 실행] 블록을 뷰어 창으로 드래그&드롭합니다.

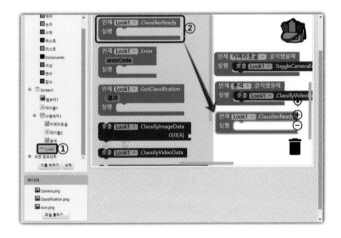

12 블록 창에서 [분석]을 클릭 후 [지정하기 분석.활성화 값] 블록을 뷰어 창 '언제 Look1. ClassifierReady 실행' 안으로 드래그&드롭합니다.

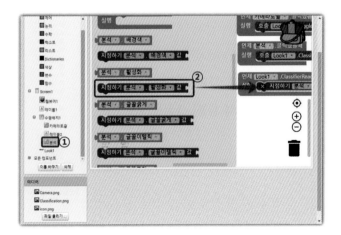

13 블록 창에서 [논리]를 클릭 후 [참] 블록을 뷰어 창 '지정하기 분석.활성화 값' 블록에 연결합니다.

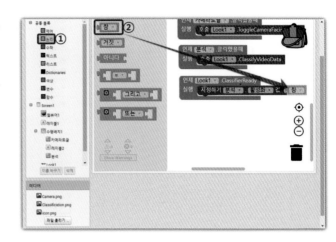

14 이어서 촬영된 이미지를 분석하는 블록을 구성해 보겠습니다. 블록 창에서 [Look1]을 클릭 후 [언제 Look1. GotClassification 실행] 블록을 뷰어 창으로 드래그&드롭합니다. Look1. GotClassification 블록은 분석된 정보를 가져와 활용할 수 있도록 지원하는 블록입니다.

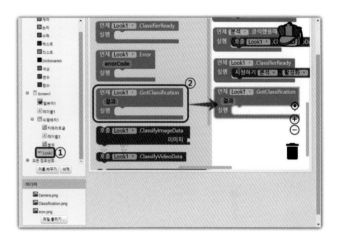

15 블록 창에서 [레이블1]을 클릭 후 [지정하기 레이블1.텍스트 값] 블록을 뷰어 창 '언제 Look1.Classification 실행' 안으로 드래그&드롭합니다.

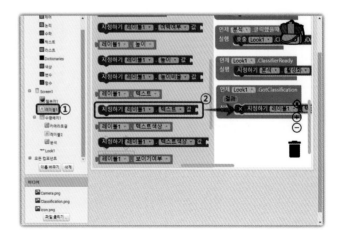

281

16 블록 창에서 **[리스트]**를 클릭 후 **[항목 선택하기 리스트]** 블록을 뷰어 창 '지정하기 레이블 1.텍스트 값' 블록에 연결합니다.

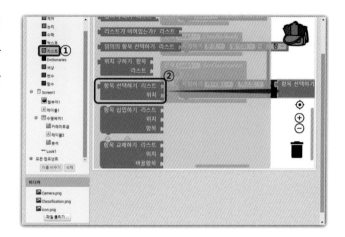

17 뷰어 창 '언제 Look1.Got Classification 실행' 블록의 **[결과]**에 마우스 커서를 가져간 후 **[가져오기 결과]** 블록을 '항목 선택하기 리스트'에 연결합니다.

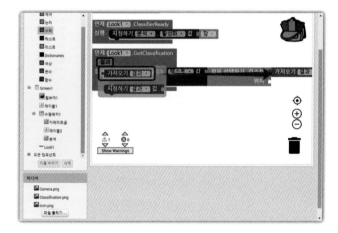

18 블록 창에서 **[수학]**을 클릭 후 **[0]** 블록을 뷰어 창 '항목 선택하기 리스트 위치' 블록에 연결합니다. 연결된 블록을 클릭해 값을 **[1]**로 수정합니다.

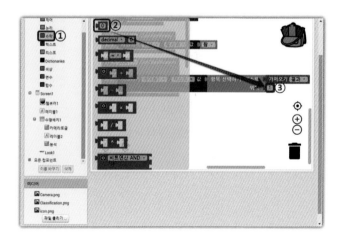

19 마지막으로 이미지 분석 오류가 있을 때 블록을 구성해 보겠습니다. 블록 창에서 [Look1]을 클릭 후 [언제 Look1.Error 실행] 블록을 뷰어 창으로 드래그&드롭합니다.

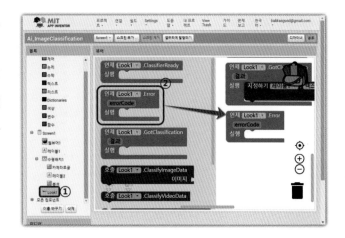

20 블록 창에서 [레이블1]을 클릭 후 [지정하기 레이블1.텍스트 값] 블록을 뷰어 창 '언제 Look1.Error 실행' 안으로 드래그&드롭합니다.

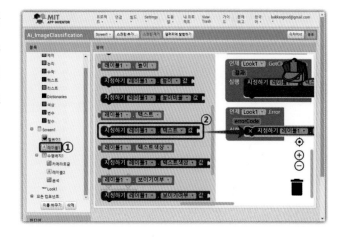

21 블록 창에서 [텍스트]를 클릭 후 [' '] 블록을 뷰어 창 '지정하기 레이블1.텍스트 값' 블록에 연결합니다. 연결한 블록을 클릭해 [분석불가]를 입력합니다.

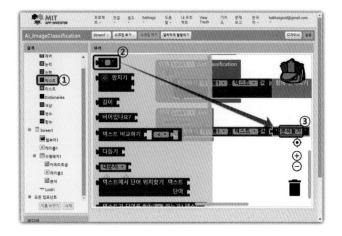

22 블록 구성이 완료되었습니다. 앱 테스트를 위해 **[빌드]**-**[Android App (.apk)]**를 클릭합니다. 아이폰 사용자는 **[연결]**-**[AI 컴패니언]**을 이용합니다.

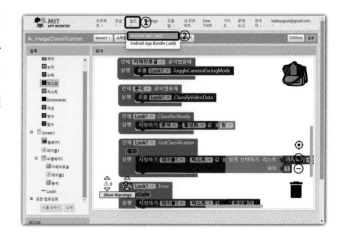

23 앱 빌드 작업이 진행됩니다. 앱 빌드가 완료되면 QR코드가 표시됩니다. PC 작업이 완료되었습니다.

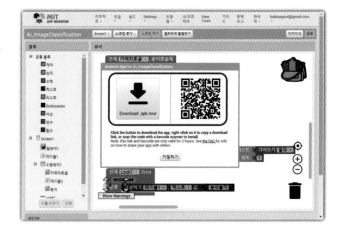

24 스마트폰에서 **[MIT AI2 Companion]** 또는 **[App Inventor]** 앱을 이용해 제작 앱을 설치하거나 실행합니다. 사진 촬영 허용 메시지가 나오면 **[앱 사용 중에만 허용]**을 터치합니다. 이름을 확인하고자하는 물품에 카메라를 맞추고 **[분석]** 버튼을 터치합니다. 물품명과 정확도가 표시됩니다.

추가해 보세요~

? 분석된 자료를 좀 더 보기 편하도록 물품명과 백분율로 나타나도록 수정해보세요.

! 항목 선택하기 리스트 블록과 합치기 블록 등을 이용하면 조금 더 보기 편하게 나타낼 수 있습니다.

위 블록 적용 결과 :

cellphone, 확률 : 77%

블록 구성에 따른 가져오기 결과

[["cellphone", "0.74854"], ["tv", "0.07831"], ["laptop", "0.06647"], ["tray", "0.01680"], ["oscilloscope", "0.01404"], ["toaster", "0.01299"], ["display", "0.01077"], ["lighter", "0.00980"], ["clock", "0.00412"], ["mouse", "0.00396"]]

분석 결과 가져오기 결과					
(1)	(2)	(3)	(4)	(5)	(6)
(1,1) cellphone	(2,1) tv	(3,1) laptop	(4,1) tray	(5,1) oscilloscope	(6,1) toaster
(1,2) 0.74854	(2,2) 0.07831	(3,2) 0.06647	(4,2) 0.01680	(5,2) 0.01404	(6,2) 0.01299

["cellphone", "0.82227"]

cellphone

2.3 인공지능 안면인식 앱 만들기

스마트폰 카메라를 이용해 보여지는 인물의 감정(기쁨, 슬픔, 화남 등)을 인식하거나 마스크 착용 여부, 눈을 감았는지의 여부 등을 확인할 수 있습니다. PC나 노트북의 카메라를 이용해 인공지능을 학습시키고 학습한 모델을 다운로드 받아 앱 인벤터에 적용해 보겠습니다. 인공지능을 학습시키기 위해 PC에 카메라가 있어야 합니다. 얼굴을 이용한 마스크 착용 여부를 학습시켜야 하므로 PC캠이 있어야 합니다. 카메라가 없다면 본 도서에서 제공하는 학습 소스 파일내에 포함된 모델 파일을 앱 인벤터에 적용해 사용할 수 있습니다. 인공지능 감정 학습은 classifier.App Inventor.mit.edu 에서 할 수 있습니다.

01 크롬(Chrome) 웹브라우저를 실행하고 주소 창에 [classifier.appinventor.mit.edu]를 입력해 접속합니다. 카메라 권한 허용 메시지가 나오면 [허용]을 클릭합니다.

02 인공지능에게 학습시킬 내용을 마스크를 쓰지 않음(nomask), 마스크를 잘못 씀(halfmask), 마스크를 씀(mask)으로 구분해 학습시키겠습니다. [+]를 클릭해 [nomask]를 입력 후 [Enter]키를 누릅니다.

286

03 [Capture] 버튼을 클릭해 마스크를 쓰지 않는 모습을 캡처합니다. 정면, 10도 정도 상하좌우 위치의 모습 캡처, 근접 캡처, 원거리 캡처 등으로 15장 이상 캡처합니다. 다양한 장소에서 캡처하면 정확도를 더 높일 수 있습니다.

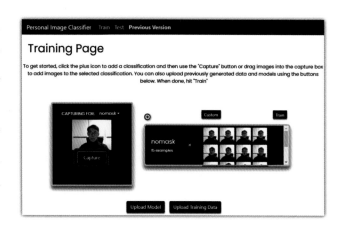

04 이제 마스크를 잘못 쓴 모습을 캡처해 보겠습니다. [+]를 클릭해 [halfmask]를 입력 후 [Enter]키를 누릅니다.

05 [Capture] 버튼을 클릭해 마스크를 잘못 쓴 모습을 캡처합니다. 코스크, 턱스크 등의 모습을 덴탈 마스크, KF94 마스크, 흰색 마스크, 블랙 마스크로 정면, 10도 정도 상하좌우 위치의 모습 캡처, 근접 캡처, 원거리 캡처 등으로 40장 이상 캡처합니다.

06 마지막으로 마스크를 정상적으로 쓴 모습을 캡처해 보겠습니다. [+]를 클릭해 [mask]를 입력 후 [Enter]키를 누릅니다.

07 [Capture] 버튼을 클릭해 마스크를 정상적으로 쓴 모습을 캡처합니다. 덴탈 마스크, KF94 마스크, 흰색 마스크, 블랙 마스크로 정면, 10도 정도 상하좌우 위치의 모습 캡처, 근접 캡처, 원거리 캡처 등으로 40장 이상 캡처합니다.

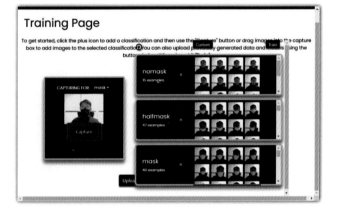

08 세 가지 분류 레이블이 완성되었습니다. 인공지능이 캡처한 이미지를 학습하도록 해보겠습니다. 오른쪽 상단 [Train]을 클릭합니다.

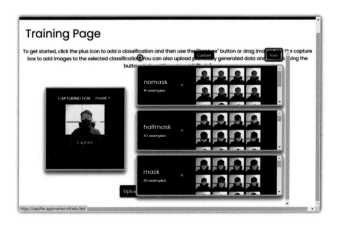

09 학습이 완료되면 Testing Page가 표시됩니다. 학습된 모델을 테스트해 보겠습니다. 마스크를 쓰지 않은 얼굴 상태로 [Capture]를 클릭합니다. 오른쪽 'CLASSIFICATION'에서 연한 초록색으로 표시되는 항목이 인식된 레이블입니다. 하단에는 정확도가 백분율로 표시됩니다.

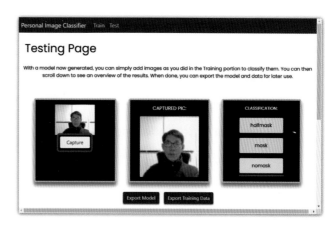

10 마스크를 제대로 쓰지않은 얼굴 상태로 [Capture]를 클릭합니다. 오른쪽 'CLASSIFICATION'에서 'halfmask' 항목이 연한 초록색으로 표시됩니다. 하단에는 정확도가 백분율로 표시됩니다.

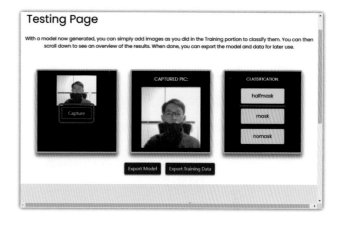

11 마스크를 제대로 쓴 얼굴 상태로 [Capture]를 클릭합니다. 오른쪽 'CLASSIFICATION'에서 'mask' 항목이 연한 초록색으로 표시됩니다. 하단에는 정확도가 백분율로 표시됩니다.

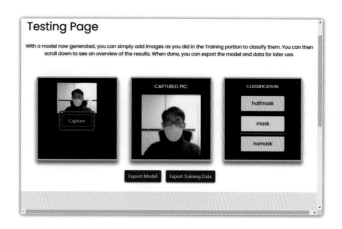

12 테스트가 정상적으로 완료되면 모델을 다운로드 하겠습니다. [Export Model]을 클릭합니다. 크롬 웹브라우저 왼쪽 하단에 모델 파일(model.mdl)이 다운로드 되었습니다.

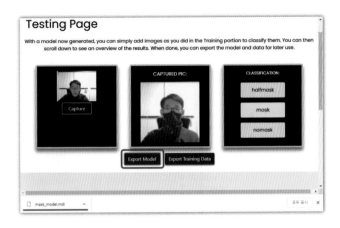

13 앱 인벤터 페이지로 이동합니다. 새로운 프로젝트를 만들기 위해 [프로젝트]-[새 프로젝트 시작하기]를 클릭합니다. 프로젝트 이름을 입력하는 창이 나오면 [Ai_Face_Classifier]를 입력 후 [확인]을 클릭합니다.

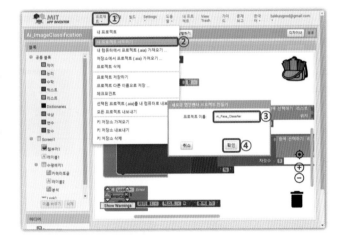

14 인공지능 얼굴 분석 확장 프로그램을 등록해 보겠습니다. 팔레트 창에서 [확장 기능]을 클릭 후 [확장기능 추가하기]를 클릭합니다. 프로젝트에 확장 프로그램 불러오기 창이 나오면 [파일 선택]을 클릭합니다.

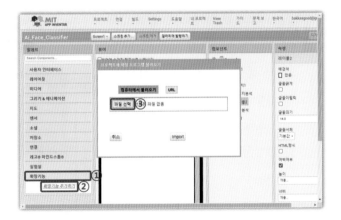

15 열기 창이 나오면 [Personal ImageClassifier.aix] 파일을 선택 후 [열기]를 클릭합니다.

16 선택한 'PersonalImage Classifier.aix' 파일명이 표시됩니다. [Import]를 클릭합니다.

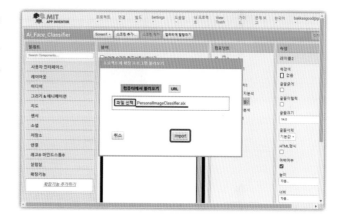

17 팔레트 창 확장기능에 등록된 [PersonalImageClassifier]를 뷰어 창 스마트폰 화면 안으로 드래그&드롭합니다. 컴포넌트 창에 'PersonalImage Classifier1' 컴포넌트가 등록됩니다.

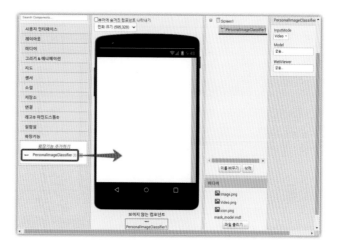

18 컴포넌트 창과 표의 순서대로 팔레트 창에서 컴포넌트를 가져와 배치합니다. 컴포넌트 배치가 완료되면 각 컴포넌트의 속성도 설정합니다.

팔레트	컴포넌트	컴포넌트 이름변경	속성
	Screen1		수평정렬 [가운데 : 3], 수직정렬 [위 : 1], 앱이름 [Ai마스크체크], 아이콘 [icon.png], 스크린방향 [세로], 제목보이기 [체크해제]
사용자 인터페이스	웹뷰어		높이 [75 퍼센트], 너비 [부모 요소에 맞추기]
	레이블	결과	배경색 [없음], 글꼴굵게, 글꼴크기 [16], 텍스트 [ ], 텍스트색상 [빨강]
레이아웃	수평배치		수평정렬 [가운데 : 3], 수직정렬 [위 : 1], 너비 [부모 요소에 맞추기]
사용자 인터페이스	버튼	이미지 분석	높이 [100 픽셀], 너비 [100 픽셀], 이미지 [Image.png], 텍스트 [ ]
	레이블		배경색 [없음], 너비 [20 퍼센트], 텍스트 [ ]
	버튼	영상 분석	높이 [100 픽셀], 너비 [100 픽셀], 이미지 [Video.png], 텍스트 [ ]
미디어	카메라		
	음성변환		
확장기능	PersonalIm ageClassifier		Model [maskmodel.mdl], Webviewer [웹뷰어1]

19 컴포넌트 배치와 속성 설정이 완료되면 블록 코딩을 위해 디자이너 화면 오른쪽 상단 **[블록]**을 클릭합니다. 이미지 분석 버튼의 작업을 먼저 해보겠습니다. 블록 창에서 **[이미지분석]**을 클릭 후 **[언제 이미지분석.클릭했을때 실행]** 블록을 뷰어 창으로 드래그&드롭합니다.

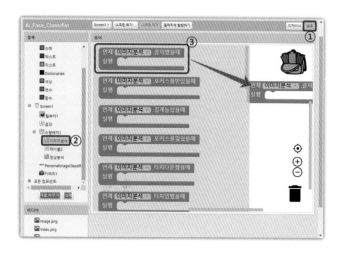

20 블록 창에서 **[PersonalImage Classifier1]**을 클릭 후 **[지정하기 PersonalImage Classifier1.InputMode 값]** 블록을 뷰어 창 '언제 이미지분석.클릭했을때 실행' 안으로 드래그&드롭합니다.

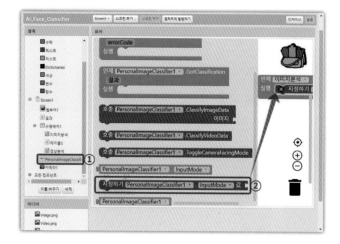

21 블록 창에서 **[텍스트]**를 클릭 후 **[' ']** 블록을 뷰어 창 '지정하기 PersonalImage Classifier1.InputMode 값'에 연결합니다. 연결된 블록을 클릭해 **[Image]**를 입력합니다. 대·소문자를 구분해 입력합니다.

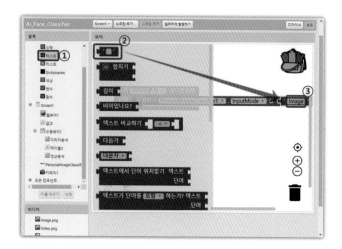

22 블록 창에서 [카메라1]을 클릭 후 [호출 카메라1.사진찍기] 블록을 뷰어 창 '언제 이미지분석.클릭했을때 실행' 안으로 드래그&드롭합니다.

23 촬영된 사진을 분석하는 기능을 구현해 보겠습니다. 블록 창에서 [카메라1]을 클릭 후 [언제 카메라1.사진찍은후에 실행] 블록을 뷰어 창으로 드래그&드롭합니다.

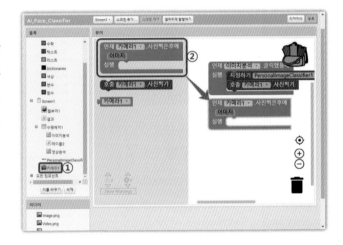

24 블록 창에서 [PersonalImage Classifier1]을 클릭 후 [호출 PersonalImageClassifier1. ClassifyImageData] 블록을 뷰어 창 '언제 카메라1.사진찍은후에 실행' 안으로 드래그&드롭합니다.

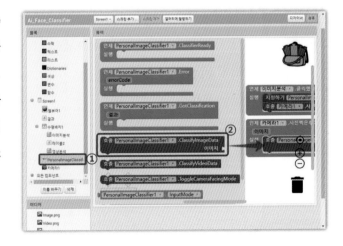

294

25 뷰어 창의 '언제 카메라1.사
진찍은후에 실행' 블록의 **[이
미지]**에 마우스 커서를 가
져가 나오는 블록 중 **[가져
오기 이미지]** 블록을 '호출
PersonalImageClassifier1.
ClassifyImageData' 블록의
이미지에 연결합니다.

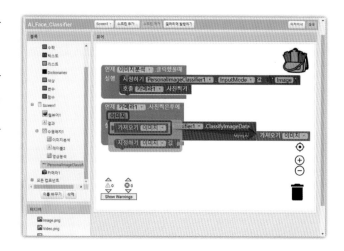

26 인공지능이 분석한 데이터 중
가장 확률이 높은 값을 저장할
변수를 만들고 사용하겠습니
다. 블록 창에서 **[변수]**를 클릭
후 **[전역변수 만들기 이름 초기
값]** 블록을 뷰어 창으로 드래
그&드롭합니다. 드래그한 변
수의 이름을 **[Status]**로 입력
합니다.

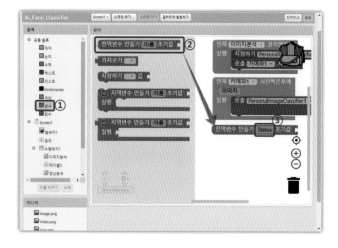

27 블록 창에서 **[텍스트]**를 클릭
후 **[' ']** 블록을 뷰어 창 '전역변
수 만들기 이름 초기값' 블록
에 연결합니다.

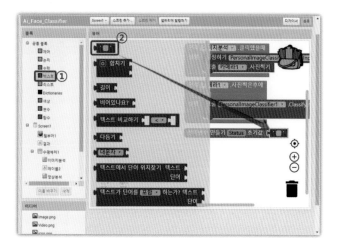

28 블록 창에서 [PersonalImage Classifier1]을 클릭 후 [언제 PersonalImageClassifier1. GotClassification 실행] 블록을 뷰어 창으로 드래그&드롭합니다.

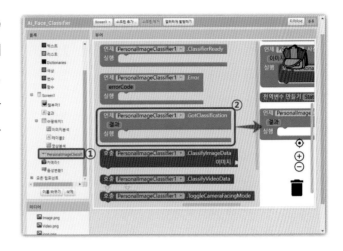

29 변수에 가장 확률이 높은 레이블을 저장하도록 설정하겠습니다. 블록 창에서 [변수]를 클릭 후 [지정하기 □ 값] 블록을 뷰어 창 '언제 PersonalImageClassifier1. GotClassification 실행' 안으로 드래그&드롭합니다. 드래그한 블록의 목록을 클릭해 [전역변수 Status]로 설정합니다.

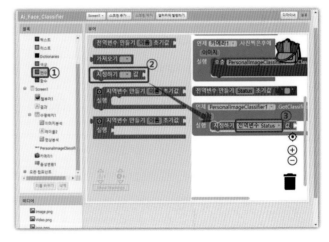

30 블록 창에서 [리스트]를 클릭 후 [항목 선택하기 리스트] 블록을 뷰어 창 '지정하기 전역변수 Status 값' 블록에 2번 연결합니다.

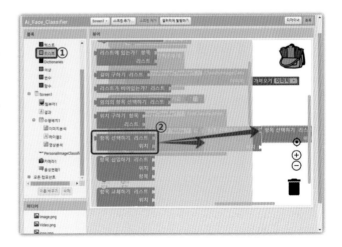

31 뷰어 창의 '언제 Personal ImageClassifier1.GotClassification 실행' 블록의 [결과]에 마우스 커서를 가져가 나오는 블록 중 [가져오기 결과] 블록을 두 번째 '항목 선택하기 리스트'에 연결합니다.

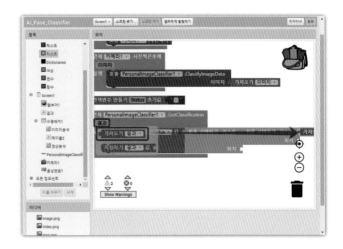

32 블록 창에서 [수학]을 클릭 후 [0] 블록을 뷰어 창 두 곳의 '항목 선택하기 위치'에 연결합니다. 드래그한 두 블록을 클릭해 값을 [1]로 변경합니다.

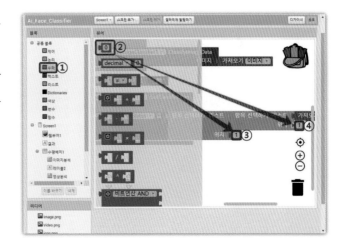

33 블록 창에서 [제어]를 클릭 후 [만약 이라면 실행 아니고 만약 이라면 실행 아니라면] 블록을 뷰어 창 '언제 Personal ImageClassifier1.GotClassification 실행' 안으로 드래그&드롭합니다.

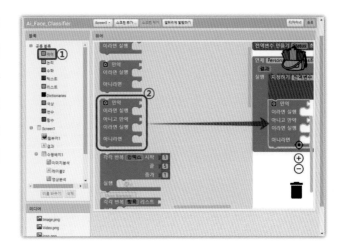

34 먼저 마스크를 쓰지 않은 상태 일 때의 블록을 구성해 보겠습니다. 블록 창에서 [텍스트]를 클릭 후 [텍스트 비교하기] 블록을 뷰어 창 '만약'에 연결합니다. 연결한 블록의 비교 목록을 클릭해 [=]으로 변경합니다.

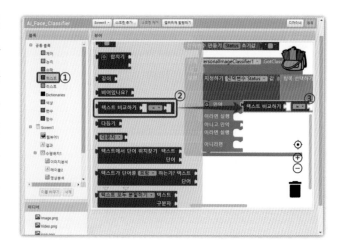

35 블록 창에서 [텍스트]를 클릭 후 [' '] 블록을 뷰어 창 '텍스트 비교하기 □ = □' 블록의 왼쪽 □에 연결합니다. 연결한 블록을 클릭해 [nomask]를 입력합니다.

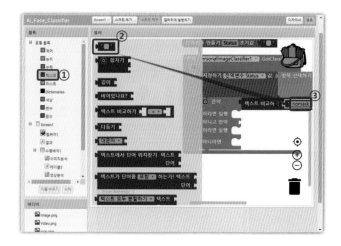

36 블록 창에서 [변수]를 클릭 후 [가져오기 □] 블록을 뷰어 창 '텍스트 비교하기 □ = □' 블록의 오른쪽 □에 연결합니다. 연결한 블록의 목록을 클릭해 [전역변수 Status]로 설정합니다.

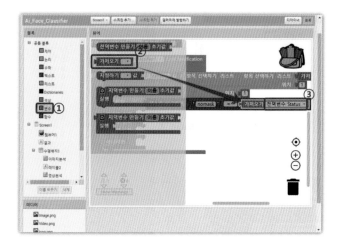

37 블록 창에서 **[결과]**를 클릭 후 **[지정하기 결과.텍스트 값]** 블록을 뷰어 창 '만약 이라면 실행'에 연결합니다.

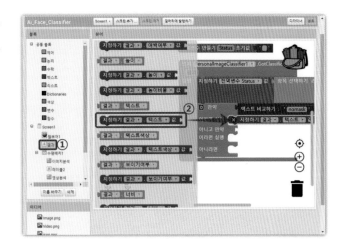

38 블록 창에서 **[텍스트]**를 클릭 후 **[' ']** 블록을 뷰어 창 '지정하기 결과.텍스트 값'에 연결합니다. 드래그한 블록을 클릭해 **[마스크를 써주세요~]**로 입력합니다.

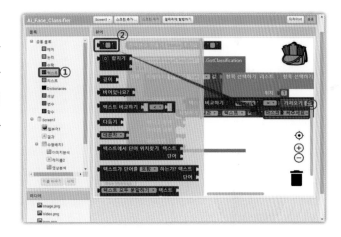

39 음성으로 마스크 착용을 권장하는 메시지를 구현해 보겠습니다. 블록 창에서 **[음성변환1]**을 클릭 후 **[호출 음성변환1.말하기]** 블록을 뷰어 창 '지정하기 결과.텍스트 값' 블록 아래에 드래그&드롭합니다.

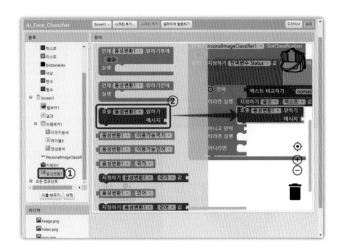

40 블록 창에서 [텍스트]를 클릭 후 [' '] 블록을 뷰어 창 '호출 음성변환1.말하기' 블록의 '메시지'에 연결합니다. 드래그한 블록을 클릭해 [마스크를 써주세요~]로 입력합니다.

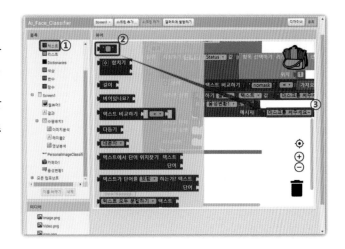

41 코스크, 턱스크 상태를 체크하고 텍스트와 음성으로 안내하는 블록을 구성해 보겠습니다. 뷰어 창 [텍스트 비교하기] 블록에서 마우스 오른쪽 버튼을 눌러 [복제하기]를 클릭합니다.

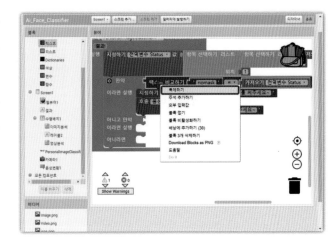

42 복제된 블록을 '아니고 만약'에 연결합니다. 연결한 블록에서 [nomask]를 [halfmask]로 수정합니다.

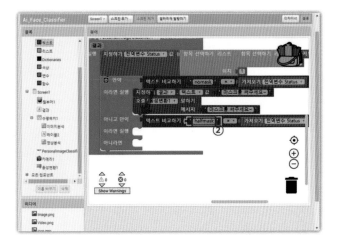

43 뷰어 창 [지정하기 결과.텍스트 값] 블록에서 마우스 오른쪽 버튼을 눌러 [복제하기]를 클릭합니다.

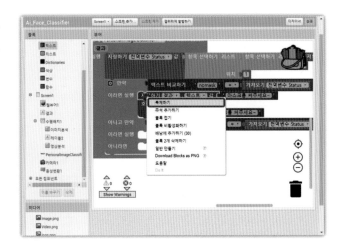

44 복제된 블록을 두 번째 '이라면 실행'에 연결합니다. 연결한 블록에서 [마스크를 써 주세요~]를 [코스크, 턱스크입니다.]로 수정합니다.

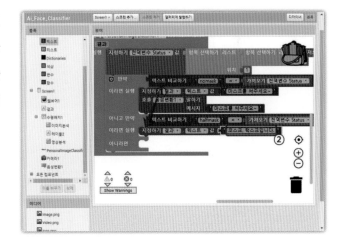

45 뷰어 창 [호출 음성변환1.말하기] 블록에서 마우스 오른쪽 버튼을 눌러 [복제하기]를 클릭합니다.

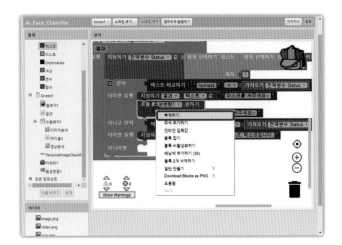

46 복제된 블록을 두 번째 '이라면 실행'에 연결합니다. 연결한 블록에서 [마스크를 써 주세요~]를 [코와 입을 가리도록 바르게 착용해주세요.]로 수정합니다.

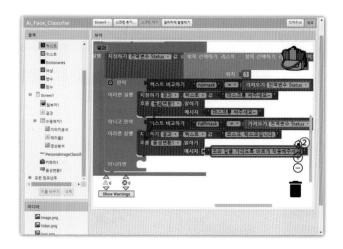

47 마스크 정상 착용 상태를 확인하기 위해 비교 블록을 추가하겠습니다. 뷰어 창 '만약' 블록의 톱니바퀴 모양의 [설정]을 클릭합니다. 팝업 창에서 왼쪽 [아니고 만약] 블록을 오른쪽 '아니고 만약' 아래에 드래그&드롭합니다.

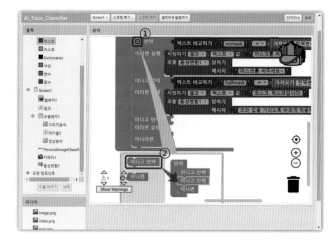

48 뷰어 창 두 번째 [텍스트 비교하기] 블록에서 마우스 오른쪽 버튼을 눌러 [복제하기]를 클릭합니다.

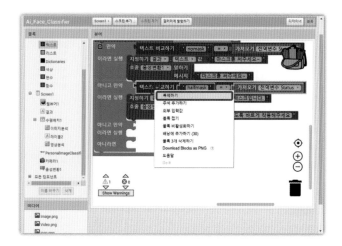

49 복제된 블록을 두 번째 '아니고 만약'에 연결합니다. 연결한 블록에서 [halfmask]를 [mask]로 수정합니다.

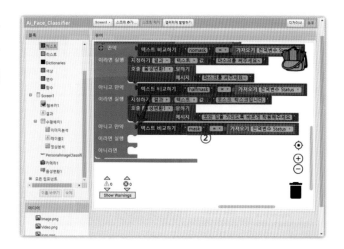

50 뷰어 창 두 번째 '이라면 실행'에 연결된 [지정하기 결과.텍스트 값], [호출 음성변환1.말하기] 블록을 복제해 세 번째 '이라면 실행'에 연결합니다. 복제된 블록 중 [코스크, 턱스크입니다.] 를 [마스크 OK]로, [코와 입을 가리도록 바르게 착용해주세요]를 [마스크를 잘 착용하셨네요~]로 수정합니다.

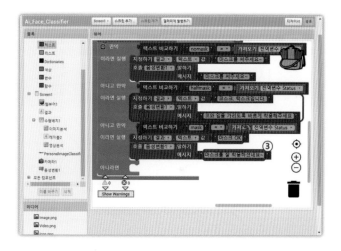

51 뷰어 창 세 번째 '이라면 실행'에 연결된 [지정하기 결과.텍스트 값] 블록을 복제해 '아니라면'에 연결합니다. 복제된 블록 중 [마스크 OK]를 [진단 오류!!]로 수정합니다.

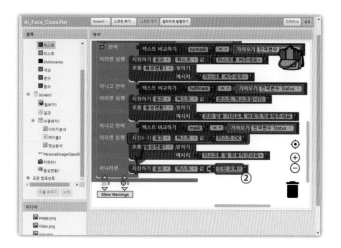

52 마지막으로 영상분석 기능을 구현해 보겠습니다. 블록 창에서 [영상분석]을 클릭 후 [언제 영상분석.클릭했을때 실행] 블록을 뷰어 창으로 드래그&드롭합니다.

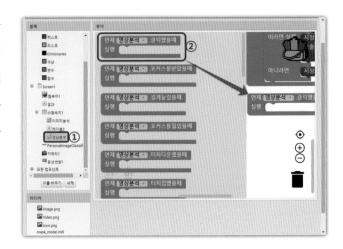

53 뷰어 창 '언제 이미지분석.클릭했을때 실행' 블록 내의 [지정하기 PersonalImage Classifier1.InputMode 값] 블록에서 마우스 오른쪽 버튼을 눌러 [복제하기]를 클릭합니다.

54 복제된 블록을 '언제 영상분석.클릭했을때 실행' 안으로 드래그&드롭합니다. 복제된 블록에서 [Image]를 [Video]로 수정합니다. 대·소문자를 구분해 입력합니다.

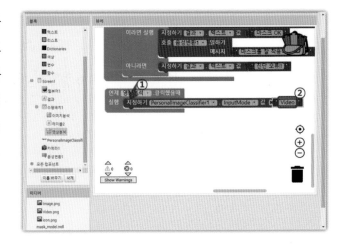

55 블록 창에서 [PersonalImage Classifier1]을 클릭 후 [호출 PersonalImageClassifier1. ClassifyVideoData] 블록을 뷰어 창 '언제 영상분석.클릭했을때 실행' 안으로 드래그&드롭 합니다.

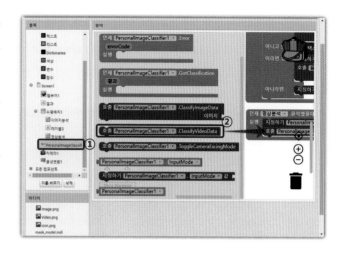

56 블록 구성이 완료되었습니다. 앱 테스트를 위해 [빌드]-[Android App (.apk)]를 클릭합니다. 아이폰 사용자는 [연결]-[AI 컴패니언]을 이용합니다.

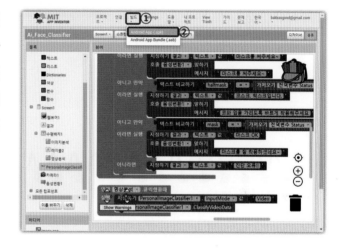

57 앱 빌드 작업이 진행됩니다. 앱 빌드가 완료되면 QR코드가 표시됩니다. PC 작업이 완료되었습니다.

58 스마트폰에서 [MIT AI2 Companion] 또는 [App Inventor] 앱을 이용해 제작 앱을 설치하거나 실행합니다. 하단 [Image], [Video]를 터치해 마스크를 쓴 얼굴, 마스크를 쓰지 않은 얼굴 등을 촬영해 정상적으로 분석이 되는지 확인합니다.

●알아두세요~

마스크 착용 여부의 분류 정확도를 높이려면 모델을 만들 때 좀 더 다양한 환경(장소, 인물, 거리, 조명 등)에서 캡처한 이미지를 활용하는 것이 좋습니다. 인공지능에게 다양한 환경에서의 많은 이미지로 학습시켜야 정확도를 높일 수 있습니다.

2.4 Facemesh를 이용한 사진 꾸미기 앱 만들기

스마트폰에서 사진 촬영시 스노우, B612 등의 앱을 사용해보신 분들이 계실겁니다. 해당 앱은 사람의 얼굴을 분석해 동물이나 캐릭터 등의 이미지를 실시간으로 얼굴에 겹치도록 해주는 기술을 이용하고 있습니다. 이 기술이 Facemesh라는 기술입니다. 사진이나 영상에서 사람의 얼굴을 찾아내고 얼굴에 이미지나 영상을 겹쳐 보여주는 기술입니다.

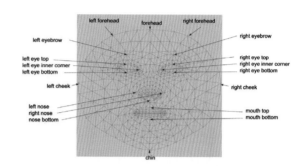

Facemesh 모델은 얼굴 이미지를 가져와 코, 이마 또는 입의 X 및 Y 좌표와 같은 다양한 얼굴 특징의 특정 위치를 제공합니다. 이러한 정보를 사용하여 얼굴 필터를 만들 수 있습니다. 이것은 본질적으로 얼굴의 특정 지점을 따라가는 이미지입니다. Facemesh가 추적하는 얼굴의 주요 포인트는 그림과 같습니다.

Facemesh 모델이 얼굴에 적용된 사진입니다. 앱 인벤터에서 Facemesh 기술을 사용하려면 Facemesh 확장프로그램을 사용해야 합니다.

ShowMesh off

ShowMesh on

앱 인벤터에서 Facemesh 모델을 사용하려면 확장 프로그램을 이용해야합니다. [https://mit-cml.github.io/extensions/] 사이트에 접속하면 앱 인벤터에서 사용 가능한 확장 프로그램에 대한 정보와 확장프로그램 다운로드 받을 수 있습니다. Facemesh 확장 프로그램을 이용해 사진을 꾸미는 앱을 제작해 보겠습니다.

01 새로운 프로젝트를 만들기 위해 [프로젝트]-[새 프로젝트 시작하기]를 클릭합니다.

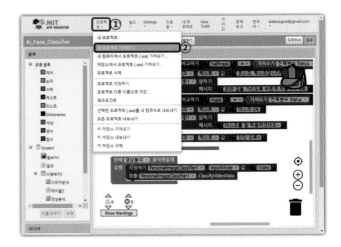

02 프로젝트 이름을 입력하는 창이 나오면 [Ai_Facemesh]를 입력 후 [확인]을 클릭합니다.

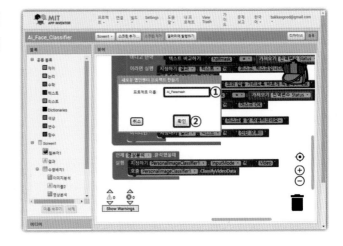

03 인공지능 Facemesh 확장 프로그램을 등록해 보겠습니다. 팔레트 창에서 [확장 기능]을 클릭 후 [확장기능 추가하기]를 클릭합니다. 프로젝트에 확장 프로그램 불러오기 창이 나오면 [파일 선택]을 클릭합니다.

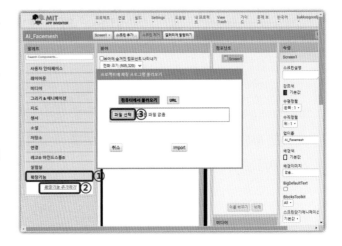

04 열기 창이 나오면 [facemesh. aix] 파일을 선택 후 [열기]를 클릭합니다.

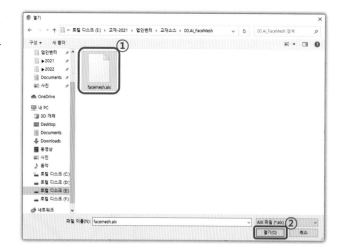

05 선택한 'facemesh.aix' 파일 명이 표시됩니다. [Import]를 클릭합니다.

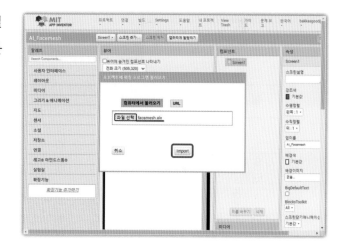

06 팔레트 창 확장기능에 등록된 [FaceExtension]을 뷰어 창 스마트폰 화면 안으로 드래그&드롭합니다. 컴포넌트 창에 'FaceExtension1' 컴포넌트가 등록됩니다.

07 나머지 필요한 컴포넌트는 컴포넌트 창과 표의 순서대로 팔레트 창에서 컴포넌트를 가져와 배치합니다. 컴포넌트 배치가 완료되면 각 컴포넌트의 속성도 설정합니다.

팔레트	컴포넌트	컴포넌트 이름변경	속성
	Screen1		수평정렬 [가운데 : 3], 앱이름 [고양이 카메라], 아이콘 [icon.png], 스크린방향 [세로], 제목 [고양이 카메라]
사용자 인터페이스	레이블		텍스트 [-], 텍스트색상 [없음]
그리기& 애니메이션	캔버스		높이 [500 픽셀], 너비 [350 픽셀]
	이미지 스프라이트	왼쪽귀	높이 [200 픽셀], 너비 [200 픽셀], 사진 [CAT_leftEar.png],
	이미지 스프라이트	오른쪽귀	높이 [200 픽셀], 너비 [200 픽셀], 사진 [CAT_rightEar.png],
	이미지 스프라이트	수염	너비 [300 픽셀], 사진 [CAT_whiskers.png]
사용자 인터페이스	레이블		텍스트 [-], 텍스트색상 [없음]
레이아웃	수평배치		수평정렬 [가운데: 3], 배경색 [없음], 너비 [부모 요소에 맞추기]
사용자 인터페이스	버튼	사진촬영	높이 [1 00 픽셀], 너비 [100 픽셀], 이미지 [camera.png], 텍스트 [ ]
	레이블		너비 [20 퍼센트], 텍스트 [ ]
	버튼	사진공유	높이 [100 픽셀], 너비 [100 픽셀], 이미지 [share.png], 텍스트 [ ]
	웹뷰어		높이 [500 픽셀], 너비 [350 픽셀]
소셜	공유		
미디어	음성변환		
확장기능	FaceExtension		높이 [500 픽셀], 너비 [350 픽셀], Webviewer [웹뷰어1]

08 블록 코딩을 위해 [블록]을 클릭합니다. 먼저 저장할 사진의 파일명과 일련번호를 저장할 변수를 만들어 보겠습니다. 블록 창에서 [변수]를 클릭 후 [전역변수 만들기 이름 초기값] 블록

을 뷰어 창으로 드래그&드롭 합니다. 드래그한 블록의 [이름]을 클릭해 [photoCount]를 입력합니다. ⑤는 [수학] 그룹에서 가져와 등록합니다. 같은 방법으로 ⑥ 블록도 만듭니다. 변수 이름은 [mostRecentPhoto]로 대·소문자 구분해 입력합니다.

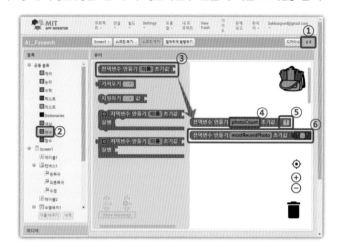

09 사진 촬영 버튼을 누르면 촬영한 사진을 저장하기 위해 파일 이름을 설정하는 부분과 photoCount 변수의 값을 증가시키는 부분, 촬영 되었다고 소리로 알려주는 기능의 블록을 구성해 보겠습니다. 블록 창에서 [사진촬영]을 클릭 후 [언제 사진촬영.클릭했을때 실행] 블록을 뷰어 창으로 드래그&드롭합니다. 세부 블록은 아래 블록을 참고해 구성합니다. 참고로 블록을 어디에서 가져와야 하는지 선택이 어려우면 블록에 있는 목록의 이름을 참고해 블록 창에서 해당 이름을 클릭해 가져옵니다. 목록이 없는 블록은 블록의 색상을 참고해 블록 창에서 색상을 기준으로 선택해 가져옵니다.

10 사진 공유 버튼에 대한 동작도 블록으로 구성합니다. 블록 창에서 [사진공유]를 클릭 후 [언제 사진공유.클릭했을때 실행] 블록을 뷰어 창으로 드래그&드롭합니다. 공유되는 사진은 가장 최근에 촬영한 사진으로 적용되도록 해보겠습니다. 세부 블록은 아래 블록을 참고해 구성합니다.

언제 사진공유 ▼ .클릭했을때
실행 호출 공유1 ▼ .파일공유하기
파일 가져오기 전역변수 mostRecentPhoto ▼

11 카메라에 얼굴이 보이면 얼굴의 위치에 맞게 고양이의 귀와 수염 모양의 위치를 맞춰줘야 합니다. 해당 기능을 하나의 블록으로 구성하려면 너무 복잡하고 길어져 여러번 반복 사용할 때 활용 가능한 것이 함수입니다. 여러 번 반복 사용하는 내용만 함수로 만들고, 해당 내용이 필요할 때 호출해(가져와) 사용하는 것입니다.

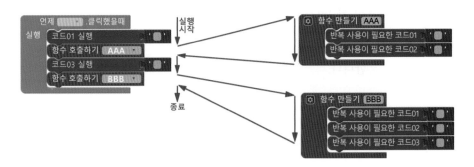

카메라에서 얼굴의 위치와 크기가 변경될 때마다 고양이 귀와 수염의 크기, 위치를 조정해 줘야 합니다. 해당 기능(위치이동, 크기조절)을 함수로 만들어 보겠습니다. 블록 창에서 **[함수]**를 클릭 후 **[함수 만들기 함수 실행]** 블록을 뷰어 창으로 드래그&드롭합니다. 함수 이름을 **[placeImage]**로 입력합니다.

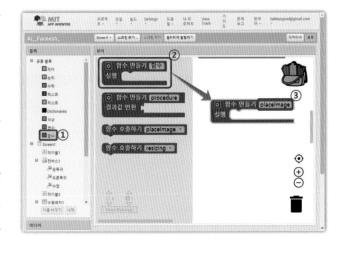

12 드래그한 블록 왼쪽 상단 톱니바퀴 모양의 **[설정]**을 클릭합니다. 팝업 메시지 창이 나오면 왼쪽 **[입력:x]** 블록을 오른쪽 '입력값' 블록 안으로 두 번 드래그&드롭합니다. 함수 이름 오른쪽 인수를 클릭해 [img], [facepoint]로 수정합니다.

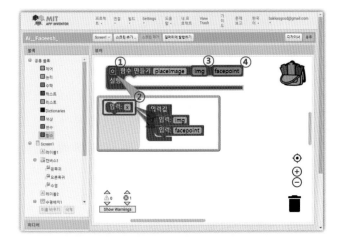

13 블록 창의 '모든 컴포넌트' 왼쪽 [+]를 클릭합니다. [모든이미지스프라이트]를 클릭 후 [호출이미지스프라이트.좌표로이동하기] 블록을 뷰어 창 '함수 만들기 placeImage' 블록 안으로 드래그&드롭합니다.

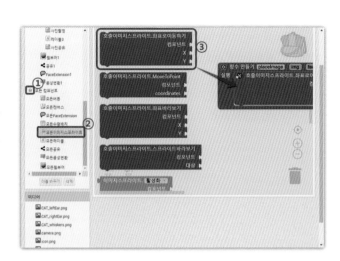

14 뷰어 창 '선택한 '함수 만들기 placeImage' 블록의 [img]에 마우스 커서를 가져간 후 [가져오기 img] 블록을 '컴포넌트'에 연결합니다.

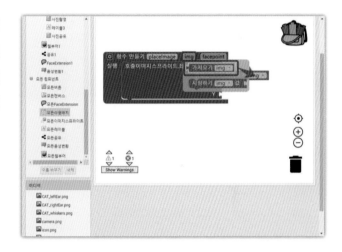

15 블록 창에서 [수학]을 클릭 후 [□ - □] 블록을 뷰어 창 'X', 'Y'에 각각 연결합니다.

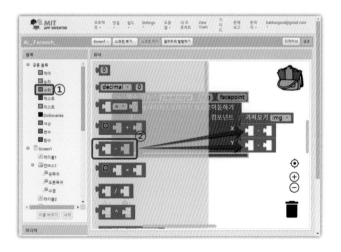

16 블록 창에서 [수학]을 클릭 후 [□ x □] 블록을 뷰어 창 '□ - □' 블록의 오른쪽 '□'에 각각 연결합니다.

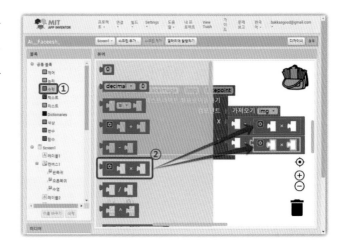

17 블록 창에서 [리스트]를 클릭 후 [항목 선택하기] 블록을 뷰어 창 '□ - □' 블록의 왼쪽 '□'에 각각 연결합니다.

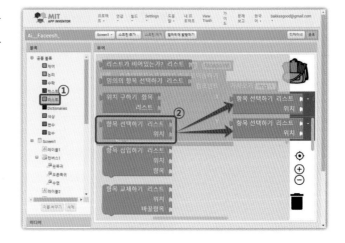

18 뷰어 창 '함수 만들기 place Image' 블록의 [facepoint]에 마우스 커서를 가져간 후 [가져오기 facepoint] 블록을 '리스트'에 각각 연결합니다.

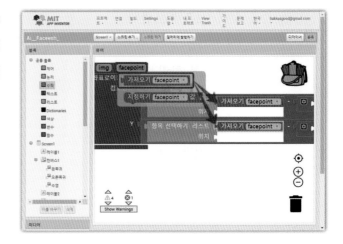

19 블록 창에서 [수학]을 클릭 후 [0] 블록을 뷰어 창 '위치'에 각각 연결합니다. 연결한 블록을 클릭해 [1], [2]로 각각 수정합니다.

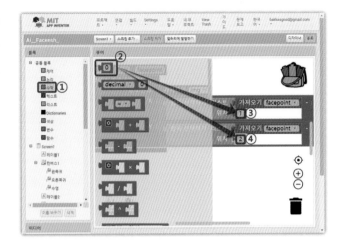

20 블록 창에서 [수학]을 클릭 후 [0] 블록을 뷰어 창 '□ x □' 블록의 왼쪽 '□'에 각각 연결합니다. 연결한 블록을 클릭해 [0.5], [0.5]로 각각 수정합니다.

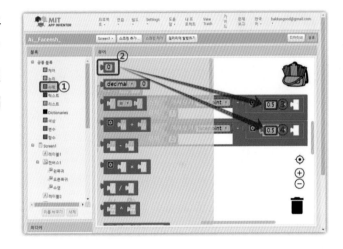

21 블록 창의 '모든 컴포넌트' 왼쪽 [+]를 클릭합니다. [모든이미지스프라이트]를 클릭 후 [이미지스프라이트.너비] 블록을 뷰어 창 첫 번째 '□ x □'블록 오른쪽 '□'에 연결합니다.

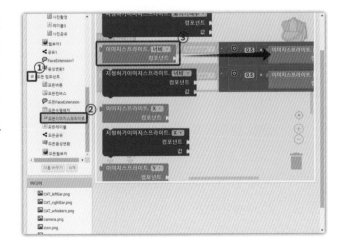

22 블록 창의 [모든이미지스프라이트]를 클릭 후 [이미지스프라이트.높이] 블록을 뷰어 창 두 번째 '□ x □'블록 오른쪽 '□'에 연결합니다.

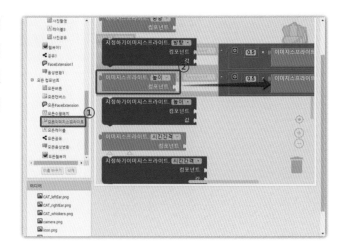

23 뷰어 창 에서 '호출이미지스프라이트.좌표로이동하기 컴포넌트'에 연결된 [가져오기 img] 블록에서 마우스 오른쪽 버튼을 눌러 [복제하기]를 클릭합니다. 복제된 블록을 '이미지스프라이트.너비'에 연결합니다. 같은 방법으로 복제를 해 '이미지스프라이트.높이'에 연결합니다.

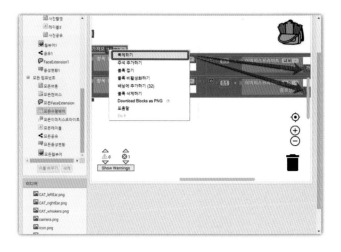

24 각각의 꾸미기 이미지를 이동할 수 있도록 호출하는 블록을 구성해 보겠습니다. 블록 창에서 [함수]를 클릭 후 [함수 만들기 함수 실행] 블록을 뷰어 창으로 드래그&드롭합니다. 드래그한 블록의 함수 이름을 [moving]으로 수정합니다.

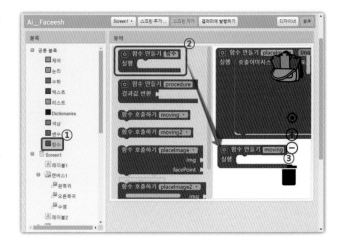

25 블록 창에서 [함수]를 클릭 후 [함수 호출하기 placeImage] 블록을 뷰어 창 '함수 만들기 moving 실행' 블록 안으로 드래그&드롭합니다.

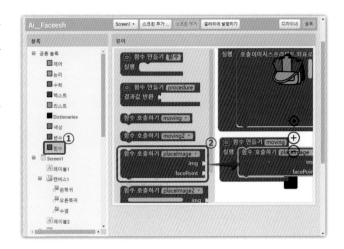

26 블록 창에서 [왼쪽귀]를 클릭 후 [왼쪽귀] 블록을 뷰어 창 'img'에 연결합니다.

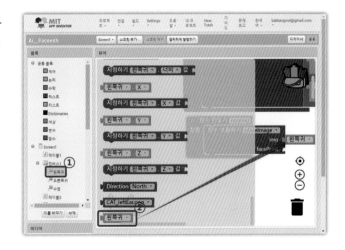

27 블록 창에서 [FaceExten sion1] 을 클릭 후 [FaceExte nsion1. LeftForehead] 블록을 뷰어 창 'facePoint'에 연결합니다.

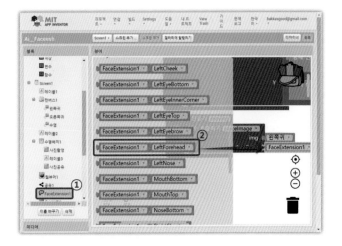

317

28 뷰어 창의 [함수 호출하기 place Image] 블록에서 마우스 오른쪽 버튼을 클릭 후 [복제하기]를 두 번 진행합니다.

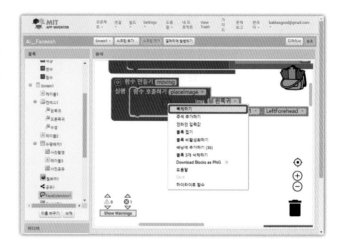

29 복제된 블록을 원본 블록 아래에 순서대로 연결합니다. 복제된 첫 번째 블록에서 [왼쪽귀]를 [오른쪽귀]로 변경하고, [LeftForehead]를 [RightForehead]로 변경합니다. 복제된 두 번째 블록에서 [왼쪽귀]를 [수염]으로 변경하고, [LeftForehead]를 [MouthTop]으로 변경합니다.

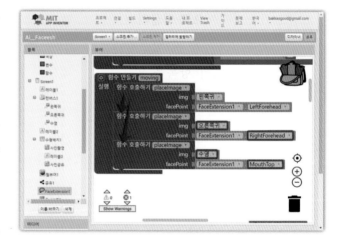

30 블록 창에서 [함수]를 클릭 후 [함수 만들기 함수 실행] 블록을 뷰어 창으로 드래그&드롭합니다. 함수 이름을 [resizing]으로 설정합니다.

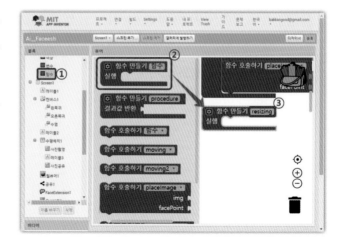

31 블록 창에서 [왼쪽귀], [오른쪽귀], [수염] 블록을 이용해 그림과 같이 블록을 구성합니다. 연결 블록은 블록 창 [FaceExtension1], [왼쪽귀] 블록을 이용해 구성합니다.

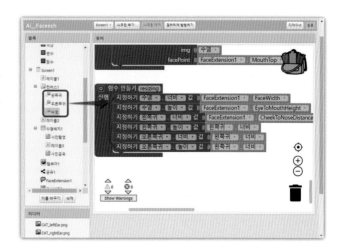

32 이제 마지막으로 얼굴의 위치가 변경되었을 때 함수를 호출해 꾸미기 항목을 얼굴의 위치와 크기가 맞도록 설정해 보겠습니다. 블록 창에서 [FaceExtension1]을 클릭 후 [FaceExtension1.FaceUpdated 실행] 블록을 뷰어 창으로 드래그&드롭합니다.

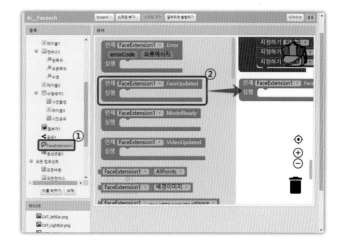

33 블록 창에서 [캔버스1], [FaceExtension1], [함수] 블록을 이용해 그림과 같이 블록을 구성합니다.

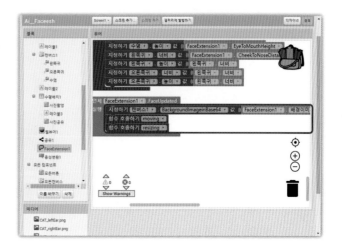

34 블록 구성이 완료되었습니다. 앱 테스트를 위해 [빌드]-[Android App (.apk)]를 클릭합니다. 아이폰 사용자는 [연결]-[AI 컴패니언]을 이용합니다.

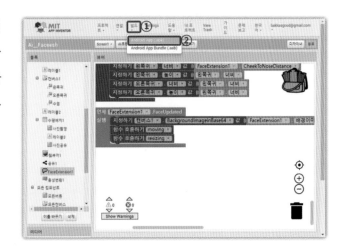

35 앱 빌드 작업이 진행됩니다. 앱 빌드가 완료되면 QR코드가 표시됩니다. PC 작업이 완료되었습니다.

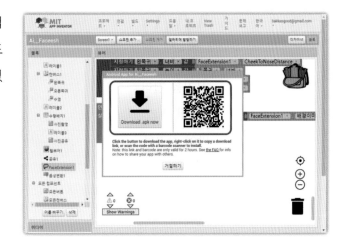

36 스마트폰에서 [MIT AI2 Com panion] 또는 [App Inventor] 앱을 이용해 제작 앱을 설치하거나 실행합니다. 설치가 완료되면 앱을 실행합니다. 카메라에 고양이 꾸미기 모양이 나오면 하단 [카메라] 아이콘을 터치합니다. 사진이 촬영됩니다. 촬영한 사진을 다른 앱으로 보내 보겠습니다. [공유] 아이콘을 터치합니다.

37 공유할 앱 목록이 나오면 사진을 전송할 앱을 선택합니다. 해당 앱으로 사진이 전송됩니다.

●**알아두세요~**

앱에서 촬영한 사진을 갤러리 등에서 확인하려면 두가지 방법이 있습니다. 첫 번째는 [공유] 기능을 이용해 카카오톡 등으로 보내면 갤러리에서 확인할 수 있습니다. 하지만 가장 마지막에 촬영한 사진만 전송 가능합니다. 안드로이드 스마트폰에서 촬영한 모든 사진을 보려면 스마트폰에 파일 관리 앱을 설치해야 합니다. 스마트폰에 기본 설치된 파일관리 앱(내 파일 등)으로는 해당 사진이 저장된 폴더를 접근할 수 없습니다. [CX 파일 탐색기], [파일관리자+] 앱을 설치합니다. 앱을 실행하고 [메인 저장소/Android/data/App Inventor.ai_구글ID.Ai_Facemesh/files] 위치로 이동하면 저장된 사진을 확인할 수 있습니다.

 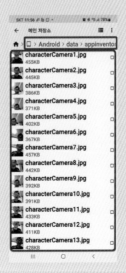

Memo

코딩아 놀자~ 앱 인벤터 200% 활용

발 행 일 2022년 3월 18일

지 은 이 박경진

펴 낸 이 박경진

펴 낸 곳 에듀아이(Edu-i)

주　　소 경기도 오산시 경기대로 52-21 101-301

정가 : 20,000원

ISBN 979-11-960272-2-3